中国乡村建设的困难与问题调查

从 "文化" 到 "营建"

一次从文化修复，到规划、建筑、景观与伴随服务
的全面记录，研究报告，探索中国乡村复兴的道路

Rural Culture & Village Renovation
文化与乡村营建

郭海鞍　著

祝家甸村的每一块金砖
需要20多道工序
经历130天的加工、打磨
古代匠人的执着
把土变成了有黄金品质的砖
我们需要的是
重拾匠人的精神，用时间和耐心
修复与营建我们的乡村

中国建筑工业出版社

祝家甸是微介入规划方式的一次重要探索，通过村口砖厂的改造，作为微介入规划的刺激点，然后在砖窑博物馆的成功基础上，逐步增加咖啡、书屋、餐厅、民宿等项目，逐步恢复村民的文化自信和自觉，促进村里自发建设家园，历经6年。2014年实验前房屋空置率将近50%，无人建设，到2017年全村翻建房屋19户，2018年返村建设村民62户，2019年初已建房屋105户，2020年初达到145户，超过一半的村民进行了自建，建设风格乡土特点越来越显著，村民热爱家乡的情感极大提升.

祝家甸村的微介入规划

Micro Intervention Planning in ZhuJiaDian Village

There is an important exploration of micro-intervention planning in Zhujiadian. The old factory, as a intervention point , succeeded in inspiring new projects, including a coffee shop, a bookroom, a cafe and a B&B. The villagers regained their cultural confidence and began to build their homes, in the past 6 years. In 2014, 50% of the houses in the village were empty. In 2017, 19 houses were rebuilt. In 2018, 62 houses were in reconstruction. In 2019, the number is 105. In 2020, 145 houses, more than a half of the village, are updating! he local characteristics of the construction style are more and more remarkable, and the villagers'love for their hometown is greatly enhanced

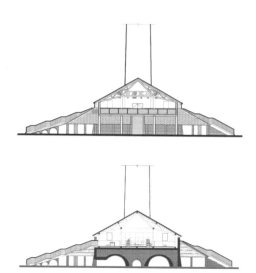

介入点：最早完成的是上部的展厅，2015年。很多人慕名来参观，于是增加了位于下层的咖啡厅。

Intervention Point: The upper gallery was finished as the first step, in 2015. Many people came to visit, so the second project was the coffee shop for the visitors.

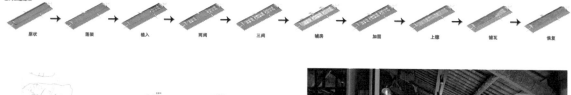

空间改造过程

原状 → 落架 → 植入 → 两阁 → 三阁 → 辅房 → 加固 → 上梁 → 铺瓦 → 恢复

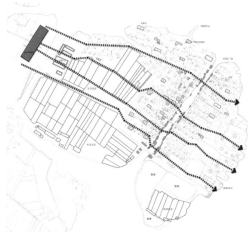

接下来，因为咖啡很受欢迎，又增加了一间书屋来提供更多的接待能力，同时，有人可以留下来吃饭了，所以，又增加了一间餐厅。

Then, for the coffee was attractive, more and more people came. Therefore, a bookstore was added to provide more reception, and someone could stay for dinner, so a restaurant was added.

随着客人的增加，很多人希望在这里居住，所以我们在对面设计了一座民宿。这个规划过程没有事先的总图、鸟瞰图。每一个步骤都是自然而然产生的，是激发出来的。后来，又增加了农田景观、小礼堂、生态湿地等等，村民们也开始自己建房！

As the number of guests increased, many people wanted to stay here, so we designed a bed-and-breakfast on the opposite side of the river. No master planning or an aerial view was designed in advance. Every step is spontaneous, by inspiring. Now, the farmland landscape, the small auditorium, and an ecological wetlands, are in progress. The villagers also began to build their own houses!

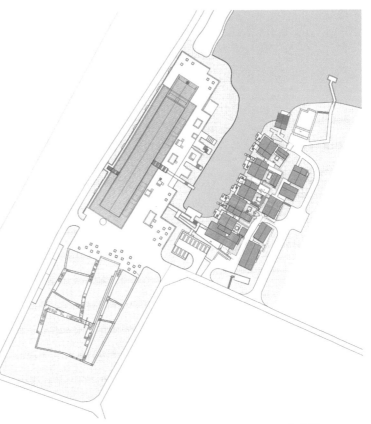

总平面图 Master Plan

建筑全景 Panorama

西浜村的玉山意境再现

Kunqu Opera Artistic Conception in Xibang Village

I期 昆曲学社
Kunqu Opera School

西浜村昆曲学社坐落于江苏省昆山市阳澄湖与傀儡湖之间。随着昆山城市发展与不断扩张，阳澄湖畔的很多乡村居民离开自己赖以生存的土地，到城市中生活。乡村被大量的拆迁，房倒屋塌，位于其间的西浜村也逐渐衰落。这里是当年玉山佳处的北界，百戏之祖的昆曲便诞生于此，如果乡村一旦消失，这些历史将再无可鉴。为了保持这份文化记忆并复兴乡村，使其继续传承原本的非物质文化与风貌特色，当地政府和项目组一起决定在这里建造一间"昆曲学社"，来重构西浜村传统昆曲文化氛围，让村子里再响起昆曲的曲调，让文化的再兴加强村民的凝聚力，从而促成村庄的再生。

The kunqu Opera School in Xibang Village is located between urban and rural areas of Kunshan city, as well as between the Yangcheng Lake and the Doll Lake, where the Kunqu Opera and Yu Mountain Culture start 600 years ago. However, with the rapid development of urbanization, the rural areas begin to disappear and a new culture park without any villages left is planned. The local government wants to continue the plan and asked us to design the new buildings instead of the old rural houses. But we persuaded the client that the historical landscape and the villagers should be kept and the traditional culture should be preserved to make the villages revive. The proposal is adopted and a small Kunqu opera school is built over 4 old shabby houses. The opera school can offer a place where children and villagers learn Kunqu opera and can hear the tunes every day, as it might happen days and nights half a century ago.

这座农房位于2016年落成的西浜村昆曲学社东边，便是5年来以微介入方式恢复乡村文化、乡愁乡貌的又一次重要探索。

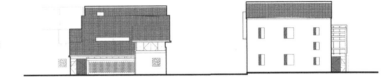

The farmhouse is on the east side of Xibang Kunqu Opera School, Kunshan. The project is another important attempt of micro-intervention to restore rural context.

农房改造 II期
A Farmer's House

前洋村农夫集市位于前洋村入口，紧邻国道，是前洋与外界沟通的门户，也是村里人走出乡村的第一站。这里规划的农夫集市是一座集宣传展示、电商平台、农业教育、土特产线上线下交易、乡村物产田园体验于一体的现代化乡村公共服务建筑。

The Farmer Bazaar of Qianyang Village is located at village entrance, where is close to the only major highway. It is the first step the villagers must take if they go out of their homeland. Therefore the project is planned to be a service center, where the exhibition of the local products, the education of agricultural knowledge and the electronic commerce can be made.

建筑全景 Panorama

New & Old in Qianyang Village
前洋村的老宅新苑

The lightest intervention to the nature and the site is considered in all process of the design，from the building design to the landscape. Comparing the situation before and after construction, there is no change in the surrounding mountain forest, surrounding bamboo forest, and trees on the site or roadside. The rugged landscape scenery is not changed anymore as it was 8 months ago. The most careful care and respect for the surrounding ecological environment are adopted in the whole process of rural construction. And an attempt of rural micro-intervention is ongoing to achieve the overall revival of the whole village by renew a small point.

整个设计从建筑到景观都是对原有场地最轻的干预，建设前后对比，场地周边的山林、竹林、场地上的树木和小路旁的行道树，完全没有发生任何改变，高低错落和8个月前丝毫不变。体现了乡村建设过程中对周边生态环境的精心呵护和尊重。这也是乡村微介入理念的一次在地尝试，希望通过微介入点位的轻微介入，实现整个乡村的全面复兴。

九峰村位于福州的"后花园"北峰之上，四面环山，中有溪流，环境优美，风景如画。很多福州人在周末来此嬉戏驻留，观山望水，置身于大自然的怀抱。然而小小的九峰村并没有很好的接待能力，山多地少，空间局促，如何用有限的现有空间提升乡村的接待能力，同时亦可在游客不多的闲日里为村民提供一个有效的公共空间，是这里乡村设计首要解决的问题。

Jiufeng Village is located on the North-Peak Mountain (BeiFeng) of Fuzhou, surrounded by picturesque hills and streams, known as "the rear garden" of this city. It is a hot spot for Fuzhou people to spend their weekend in nature. However, the space for tourists is limited in Jiufeng Village because of its mountainous terrain. The primary problem should be solved by our design is how to use the limited space to enhance the reception capacity on weekends, in the mean time, provide an effective public space for locals on weekdays.

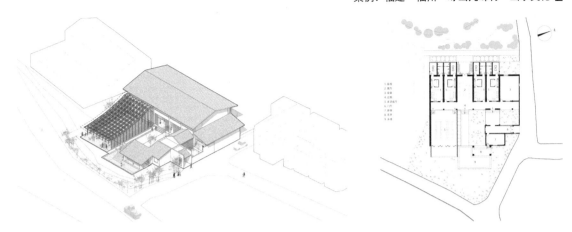

九峰村的乡土传承
Rural Heritage in Jiufeng Village

《西行漫记》中这样描写长征："从福建的最远的地方开始.一直到遥远的陕西西北部道路的尽头为止……"这里福建最远的地方，就包括中复村。1934年，红军在松毛岭与国民党军队展开了殊死搏斗，鲜血染红了松林，中复村里家家户户的门板都被拆下当成了担架……这里每一颗松树，每一栋土坯房子，都见证了那一段可歌可泣的战歌！那一年，红九军团，在这里誓师，然后开始了万里长征！

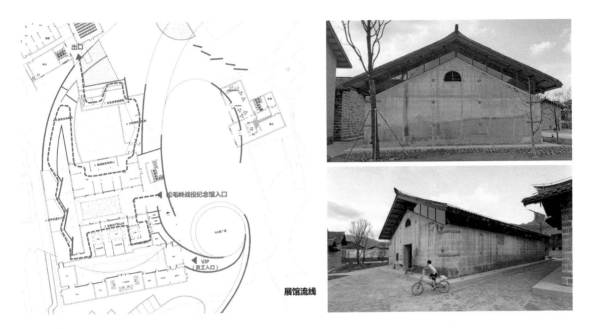

展馆流线

Red Star Over China, a book by Edgar Snow, describes the Long March as：from the farthest point in Fukien to the end of the road in far northwest Shenxi… The farthest points include Zhongfu Village. In 1934, the Red Army launched a life and death struggle with the Kuomintang army on the Pines Mountain, where all the pines were red with blood. The doors in the village were pulled down to make stretchers…Every pine and every adobe house witnessed these special historical period，and the battle of songs and tears. In this year, No.9 Red Army start the Long March after vowing in Zhongfu village.

长征出发地——中复村
The Starting Place of the Long March, Zhongfu Village

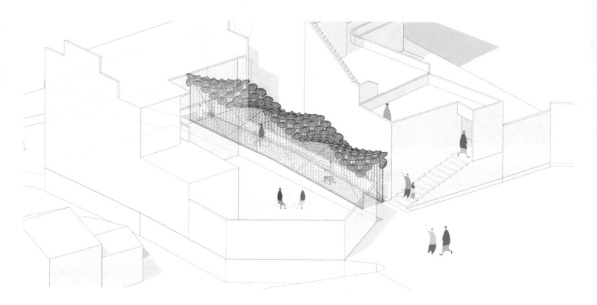

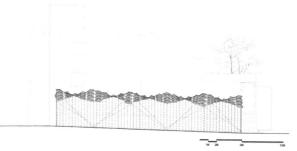

绩溪尚村小帽廊是一次政府、设计师、村民共同缔造的结果，整个项目自筹资金，由省住建厅和中规院、中建院等多家单位共同努力策划完成，体现了低成本、低消耗和社区营造的基本理念，是设计微介入改变乡村的一次公益性尝试，通过小帽廊的建设，村民们加深了彼此的感情，对自己家乡更加热爱！

The bamboo hat porch is a corporation of the government, the designers and the villagers, which cost no special funds and planned by DHURD, CAUPD and CADG. The whole process shows the conception of low cost, low consumption and community-building, which is a taste of micro intervention to change the village. By building such a small building, the villagers can communicate each other and love their hometown more and more.

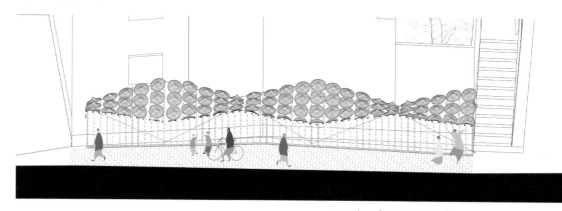

1   2   5   10m

尚村的景观微治理
Landscape Micro Update in Shang Village

2014.03

山东 北台村

乡村调研：
王凯、郭海鞍、夏训峰、
谈明洪、曹璐、谭静等

2014.04

上海 东南弄村

问卷调查

2014.08

河北 万字会村

乡村调研：
崔愷、叶裕民、刘彦随、
郭海鞍、王蔚等

2014.06

江苏 祝家甸村

踏勘测量

2014.12

台湾 后壁土沟

乡村调研：
崔愷、陈永兴、陈鹏、
郭海鞍、王蔚、单彦名、
张群等

2014.11

广东 沙涌村

非遗传承

2015.11

北京 何各庄

乡村调研：
王凯、郭海鞍、曹璐等

2015.05

河南 郝堂村

村民访谈

2016.05

东京 学术交流

乡村调研：
王凯、郭海鞍、许顺才、
薛玉峰、曹璐、谭静等

2018.04

安徽 尚村

经验交流

2019.09

北京 西邵渠村

乡村调研：
郭海鞍、王志刚等

2018.12

福建 前洋村

共同设计

序一

/

郭海鞍是我的学生，他在天津大学读硕士学位时我是他的校外导师，毕业后他就留在我的工作室，一晃十几年的时间，也算是老同事了，平时我都习惯叫他"郭儿"。郭儿性格好，逢人笑呵呵的，不管多忙，压力多大，也好像应付得来。郭儿天资聪明，脑子转得快，嘴更快，所以有个爱接下碴儿的小毛病，你和他说话还没说完，他就明白了，马上接上下半句，接对了倒问题不大，但也常常接得不对，跑偏了，甚至把说话的人也带偏了……打乱了思路跑了题。我挺烦他这个毛病的，也多次提醒他要注意，一是对别人讲话要尊重，不要接碴儿或插话，让人家讲完，想好了再发表自己的看法；二是你并不确定能准确地理解别人的意思，接话早了万一理解错了很尴尬，就算对了，也有随口敷衍的嫌疑，给人感觉不太认真，抑或不想让人讲下去而急于打断的意思。我这里提起郭儿当初这个小毛病并非都是负面的，其实我是想说这反映出他干事儿的特点：积极、敏捷、敢干也肯干！哪怕错了、偏了、活儿糙点儿，也不气馁，说改就改，并不太在乎。他总是那么呵呵一笑，没什么心理压力，这点儿挺可爱的！也似乎挺符合进入乡村建设这个领域应有的状态，当然这是后话了。

郭儿原来特喜欢做"大建筑"，他几乎参加了我手里所有并不太多的几个超高层建筑和大型科技园项目，干得也是风风火火，边干边学，进步也很快。但有的项目由于种种原因，干干停停，拖得很久，他也能盯得住；有些项目比较散，子项多，在我的总体把控下，他也能独当一面，应对自如，发挥了不少作用！本想他再干几年，就可以组个团队到院里去孵化个创作工作室，但他后来忽然和我提出还想读博士深造。那会儿我当选院士之后在天津大学有了博导的资格，也正好在参与邹德慈院士主持的"村镇规划建设与管理"国家重大咨询课题，于是就让郭儿作我的助手，一起参与村镇建设课题的研究了。

我具体承担的分课题是"村镇文化与风貌"，从题目上看很清楚，就是研究文化与风貌的关系。开始时我让郭儿和几个硕士生一起找找以往的相关研究资料，发现文章论文不少，但多数是写那些大家耳熟能详的名村名镇，研究的方法也多是建筑学领域的套路，无非是自然环境、聚落空间、建筑语言和材料技术等方面，文化的线索也多数是泛泛地讲一些地方传统、宗族关系。不能说不对，但似乎总感到范围太窄、深度不够，尤其缺乏对当今绝大多数极为普遍的乡村的研究。于是我明确了调研的思路，避开那些旅游热点的名村名镇，以大量风貌一般的普通乡村为调研对象，以城市为中心，以五十公里（其实没那么准）为半径，以城镇化过程中城市对乡村转变的影响力为线索调研。将乡村分为城中村、城边村、城郊村、远郊村几个类别，再加上风貌、环境、文化、遗存、产业、交通、人口空心化程度等评价要素，希望通过调查，填出矩阵图，摸排其中的规律和问题。郭儿带着几个研究生跑了不少地方，每次回来我们都讨论一下，不出所料，离开单纯的建筑学语境去看乡村文化和风貌，许多现象就不那么容易理解，许多问题似乎也找不准根源，许多评价都显得幼稚和武断，看着大家沮丧和困惑的表情，我们从学习费孝通先生的《乡土中国》入手，还请教了一些社会学者和课题组的相关专家，从社会学角度了解我国农村的转变历程，从血缘、情缘、地缘、业缘等线索去梳理乡村的形成和演变。尤其是通过去我国台湾、日本等地的乡村实地考察，更明晰了乡村文化和风貌的依存和互动的关系，也认识到了在乡村风貌治理中，从文化振兴入手的必要性。

也是在这个前后，我的老客户昆山城投的董事长周继春当了昆山规划局局长。他向我介绍了昆山乡村振兴规划方面的一些想法，以及对之前迁村征地发展旅游的一些担心。于是我带着郭儿一起去实地调研后便提出了不迁村、不征地、微介入，以针灸的方式尝试去激活乡村文化资源，以点带面地推动乡村文化复兴，进而带动村庄风貌自主性地有机更新。周局长和昆山领导十分赞赏我们的想法，向我先后推荐了西浜和祝甸两个村子做试点。我也想乡村风貌光研究不行，一定要动手试做一下，所以一拍即合，就有了昆曲学社和砖窑文化馆这两个乡建小项目。郭儿和我的另几位研究生为此付出了巨大的热情和努力，通过深入调研，设计研究和配合工地实施，甚至参与策划和运营的部分工作。同时通过向村民们、专家们学习，对乡村文化复兴和风貌提升有了全新的认识，也坚定了自信。我们也一起顺利完成了工程院课题，郭儿的博士论文还被评为学院优秀论文。那两个小项目也备受关注，得到了江苏省住建厅周岚厅长、刘大威副厅长的高度评价，并邀请我和团队参加江苏省特色田园乡村规划的工作。这期间我们团队也参加了住建部村镇司组织的"田园建筑优秀实例"评选等工作，郭儿已然成了行业里乡建领域的后起之秀，不少地方政府和企业请他去做乡村建设的项目设计和指导工作，有了小小的知名度。

前不久，郭儿送来这本《文化与乡村营建》书稿让我写序，我翻看内容，这其中不仅比较系统地介绍了他对乡村文化振兴的认识，也介绍了近些年许多优秀青年建筑师的作品，当然也较详细地介绍了他以前和我一起做的以及他自己领着团队独立完成的一些项目。比起当年初进乡村，各方面的确都进步了不少，认识也更加成熟和自信。但是我还是想说，农村是个大课堂，有着学不完的东西，答不完的课题。村里的大爷大妈们就像慈祥宽容的老师，总是微笑不语地看着一拨拨青年"乡建发烧友"来来去去；看着他们熟悉的或不熟悉的房子在村里盖起来；看着那其中各种学术的、抑或旅游商业的活动热闹一阵又冷清了。这些城里人忙活儿一阵留下的东西哪些符合他们的生活？哪些是闹心、添乱的？他们都会接纳，不去评判，因为日子终究要归于平静，让时间去检验设计的价值吧。

在我为郭儿写这段啰啰嗦嗦的文字时，手机中总不时传来微信的消息声，原住建部某退休领导又组织全国几百位村镇建设领域中的专家学者建了个大群，讨论村镇建设中面对的问题，分享各地的经验，学习有观点、有立场的檄文。我在其中默默地"潜"着、关注着，收获和感悟很多。可以看到我国村镇建设任重道远，许多制度建设、机制改革等一系列大问题还没解决，许多正面的管理办法和政策规定还有不少负面效应，好心办坏事的现象还不少见……因此，我深切地感到我们做的那一点点工作对改变乡村发展的大局来说真是九牛一毛，我们也不该为那些在乡村中完成的小作品而沾沾自喜，让我们坚持乡土，默默耕耘，陪伴它，也许是我们一生的责任！

中国工程院院士

中国建筑设计研究院名誉院长

2020年6月27日

序二

收到海鞍送来的新著《文化与乡村营建》嘱我作序，我是有一些迟疑的。一来我不是建筑师，二来我不是乡建方面的专家，为一篇以乡村建筑创作为研究基础的博士论文出版作序我心里是没有底的。想起五、六年前一起参加由邹德慈院士、崔愷院士牵头的中国工程院重大咨询项目"村镇规划建设与管理"的工作过程，和海鞍一起去山东、广东、江苏调研的日日夜夜，一起赴东瀛考察乡村建设的点点滴滴，特别是想起参观过他在导师崔愷院士指导下创作的诸多具有地方特色的乡村建筑场景时，我还是很高兴能为这位有思想、有情怀、有卓越设计能力，为中国乡村建设扎扎实实做实际工作的青年建筑师的著作写几句。

中国的乡村建设是近代以来诸多有社会理想的学者厕身其间的事业，教育、卫生、实业、民主等诸多理念在乡村建设中均有所应用，但田园牧歌式的理想与愚昧落后的现实总是相互缠绕，难解难分。中华人民共和国成立以后，中国的乡村发生了历史性转折，特别是伴随改革开放四十多年的发展，中国乡村的内涵与表征都发生了深刻的变化，所谓其成就也巨，其问题亦多。用"村镇规划建设与管理"报告里的表述，就是由于过快的城镇化进程，忽视了乡村建设，或者说"时空压缩的现代化"导致了"乡村病"。"乡村病"是对当下中国乡村落后现况的一种大声疾呼，其中病症之一就是"乡村风貌屡遭破坏，乡愁记忆难以维系"。从表面看说的是乡村的风貌，其本质是对赓续千年中华文化传承的担忧。

2019年中国的城镇化率已经超过60%，这意味着我们从一个有8亿农民的农业国进入一个有8亿市民的城市型国家，乡村的发展问题愈益显得紧迫和艰难。因为伴随城镇化的发展，一种梦魇般的思潮总在不断出现，就是对乡村的忽视、破坏甚于遗弃。殊不知能否妥善解决，事关中国现代化的成败和社会的长期稳定，认识村镇的价值，理清现代化进程中的城乡关系，是一个社会经济发展问题，更是一个立场、视角与价值取向问题。进而言之，中国传统文化的根在乡村，中华文化的传承必须依托中国乡村的丰厚土壤，"皮之不存毛将焉附"。有意思的是，随着工业文明进入到生态文明，我们过去认为落后的农耕文化，其中蕴含的生态理念恰恰是新文明中倡导的东西，这不能不说是对人类认识的一次反讽。

因此，当下看似一些"落后、小众"，仅仅依靠"情怀"开展的乡村建设实践恰恰是有前景、有未来的事业，海鞍以乡村建筑为基础探索的文化与乡村营建事业一不留神走在了行业的前面。我很高兴他走在了前面，想了这些，是为序。

中国城市规划设计研究院　院长

2020年6月18日

序三

和海鞍第一次见面，是我2016年到昆山调研乡村建设时。我们成为朋友，是由于共同的乡村情结，具体则缘自"江苏特色田园乡村建设行动"的谋划和实践过程。

当时我们刚完成"江苏省村庄环境整治行动计划"（苏办发〔2011〕40号）的任务实施，全省上下通过五年的持续努力实现了城镇规划建成区外18.9万个自然村的环境整治全覆盖，全省乡村人居环境得到普遍改善。2014年12月习近平总书记在江苏调研时，充分肯定了城乡人居环境整治的成效，要求坚持不懈抓下去。五年多的乡村实践让我们认识到：乡村建设的目的，不止于为农民提供有尊严的人居环境，更服务于推动乡村复兴的整体目标。我们亲眼看到，乡村人居环境的改善以及基础设施和公共服务设施建设水平的提升，推动了资源要素向乡村的回流、带动了农民返乡和都市人下乡，乡村建设成为了助推乡村发展的有力有效举措。为贯彻落实总书记的谆谆嘱托，结合"十三五"规划的制定，我们开始谋划江苏新一轮的乡村建设发展。一方面，我们组织开展了乡村发展国际比较研究；另一方面，我们分头深入乡村基层一线开展调查研究。当我坐在昆山锦溪镇祝家甸村的金砖文化馆①里，听海鞍系统介绍他以乡村昆曲学社为切入点推动巴城镇西浜村文化复兴的设计思路②时，我脑海中通过美好乡村建设推动乡村社会综合复兴的想法更加坚定，整合专业力量、社会力量、政府部门力量进而激发农民主体力量重塑当代乡村魅

---

① 祝家甸金砖文化馆在村口废弃的砖厂基础上改造而成，由崔愷院士亲自领衔设计，植入了新的时代功能，包括展示当地古老的金砖制作文化传统。该项目获得2016年"全国优秀田园建筑实例一等奖"。

② 昆山巴城镇西浜村是昆曲的重要发祥地，也是元代著名戏曲家顾阿瑛的生前居住地。中国建筑设计研究院的西浜村规划设计方案建议利用老旧民居改造成昆曲学社，用于昆曲文化的传播。同时围绕顾阿瑛，以及与之密切关联的《玉山雅集》《玉山名胜集》二十四佳处文化意境的当代呈现，以文化复兴带动乡村振兴。

力和吸引力的思路更加清晰。随后经过多方研讨沟通，由江苏省住房和城乡建设厅、省委农工办、中国城市规划学会、中国建筑学会、省乡村规划建设研究会、《乡村规划建设》杂志编委会联合主办的"当代田园乡村建设"研讨会，于2017年3月18日在祝家甸村金砖文化馆召开，会上首发了当代田园乡村建设实践的江苏倡议，呼吁各界以渐进改善、多元参与的方式，推动营造立足乡土社会、承载田园乡愁、体现现代文明的当代田园乡村建设实践。三个月后，在时任江苏省委书记李强同志的亲自推动下，省委省政府于2017年6月20日印发了《江苏省特色田园乡村建设行动计划》。海鞍随后参与了我省好几个特色田园乡村的规划建设全过程，通过工作实践，我认识到海鞍不仅是崔愷院士欣赏的设计才俊，还是有强烈社会责任感、立志推动乡村振兴的有为青年。

海鞍此书成稿后，邀我作序。我认真研读了《文化和乡村营建》全书。他提出的微介入规划、景观微治理，以及新乡土建筑设计理念和方法，对我省正在更广范围推开的特色田园乡村建设实践，以及改善苏北地区农民群众住房条件工作等，都有很好的实践指导价值。同时他关于中国近代乡村兴衰历变的系统梳理，引发了我对中国乡村发展的更深入思考。稳定延续发展几千年的中华农耕文明，在近代百余年间经历了剧烈的动荡激变，从近代殖民的掠夺、到战争的破坏，从中华人民共和国成立后社会主义制度的全新订立，到改革开放后城镇化、工业化、全球化、信息化等的快速变化冲击。这些历史进程的叠加，使得中国乡村的发展尤具复杂性和艰巨性。正如习近平总书记指出的是：我国发展最大的不平衡是城乡发展不平衡，最大的不充分是农村发展不充分。因此，党的十九大报告对乡村振兴战略进行了顶层部署。随后国家乡村振兴战略规划出台，明确了乡村振兴的长远目标和近期任务，提出到2050年乡村全面振兴，农业强、农村美、农民富全面实现。因此，国家乡村振兴战略的全面实现需要许多人的共同努力和久久为功。本书从乡村文化复兴的角度提出了乡村营建之道，贡献了设计师的智慧。我认为，读者可以不苟同作者关于乡村的所有见解和观点，但必须为作者的执着和乡村情怀点赞。这一情怀典型地浓缩在此书的扉页上："祝家甸村的每一块金砖，需要20多道工序，经历130天的加工、打磨。古代匠人的执着，把土变成了有黄金品质的砖……我们需要的是，重拾匠人的精神，用时间和耐心，修复与营建我们的乡村"。

和海鞍相识的经历，以及他在乡村建设实践中的坚守和努力，让我相信：有更多像海鞍这样扎根乡土、用专业和才华推动乡村进步的有为青年，乡村振兴和中华民族文化复兴未来可期！

博士

中国城市规划学会副理事长

江苏省住房和城乡建设厅厅长

2020年7月18日

自序

许多年以来，乡村在我的心中是神圣的净土，不敢轻易触碰！那里是生活的真实逻辑与本土设计灵感的起源，每当执拗于思虑的死角、纠结的倦怠，最好就是返归乡村和田园，在那份宁静和逊的气氛中，走入深邃的思考，寻求突破的希望：当你漫走在爨底下夹着京腔吆喝声的老街、当你徘徊于皖南徽州古村浸透着几缕青苔的巷道、当你信步至姑苏城外飘荡着菜籽油香的小径……总能在茫然中带给心灵一丝宁静与慰藉，即便不能突围，也能在心头激起一丝宁静，让我们平和地感受和享受祖辈留下的文化臻味。离开时，有时我或许突然惊觉：**我们这一代人，能给子孙留下怎样的乡村……**

事实上，除去那些经典的历史村落，这些年我们走进大多数现实的乡村时，常常感到的是失落与伤叹。近两百多年来曲折的乡村发展过程呈现给我们的是混乱、衰败、失意、凋敝的村落，抑或是富裕之后各种冲动、异变、盲从、躁动的价值观念诉求，传统建筑往往破落不堪，新建房屋往往乱象百出。但我们无权责怨乡民，因为中国的乡村和农民经历过近代历史上最为不幸的沧桑与磨难，贫穷与匮乏，失语与遗弃……让我们不能归咎于他们，只能站在他们的立场上去思考这些困境，并且通过实在的利益和美好的未来引导他们良性的发展。

近两个世纪来，中国乡村经历了从经济激衰到驱力匮乏而产生的一系列的困境。19世纪中叶，西方列强和鸦片的大量涌入，改变了中国的国运，从而改变了中国乡村的命运。尽管战火和掠夺未必直接波及多数乡村，但是作为一个农耕大国，农业生产或者说农村担负着整个国家主要的经济命脉。当大量的白银外流，占人口比例百分之八九十的农民在为此付出，乡村与城市同时在重负下开始崩塌……但负担与榨取从乡村开始，而先进与变革则是从城市首先介入，城乡的地位开始发生改变并且差距越来越大，中国几千年来以乡土为本的伦理价值观念在被以城市为核心的立场所取代。而乡村经济经历了百年的压榨坍塌与近百年的试错重建，必然引发了上层建筑的瓦解与重塑，实际上也就是文化传承的割裂与历变。

进入和平年代，经济的复苏与重建是相对容易的，但是文化的复兴与重构则并非朝夕之功。如今在乡村中，几乎所有的建设问题最终的解析都会导向当前文化价值观的错解，这本身是一个艰难而又常常无从下手的问题。我们的乡村历经了上百年的波折，又如何指望用几年或十几年的时间将其抚平？

失语的乡村注定村民的抉择也非常有限，现实中他们往往是被安置或迁并。当一些资金进入乡村，资金使用的决策者成了乡村乱象最有力的制造者。他们的价值观诉求，有很多出于替村民考虑的、善意但并不真正出于使用者本身的想法，造成了实际与现实的脱离。当然更多的情况是因为"急"和"快"导致的简单或简化、缺少人性关怀的操作，在一遍又一遍渴望"大变样"的豪情与誓言之后，我们看到的更多是翻天覆地的"激变"，以及"激变"后导致的各种各样的社会问题。同时，这些做法导致的结果和现实又常常是不可逆的、无法弥补，或无从挽回的。

因此，我们常常希望乡村复兴的节奏慢下来，从而缓和经济日趋完善与文化堕距之间的差距；常常希望我们能够协助老百姓去选择，而不是代替他们做选择。以一种工匠的方式慢慢将乡村织补，使其自然生长。我们能够感受到中国当代城市建设与中国古代造城意匠之间的鸿壑，更加希望这样的断裂不要在乡村重演。如果说城市的包容性还能够勉强维系这些突变，于瘦弱的乡村而言，这样剧烈的改变显然是一种不能承受之痛。所以，我们需要一种轻柔的方法，将乡村平顺地更新起来，既不失现代舒适，亦不失历史传承。因而开始了这样的研究，探讨如何用文化的立场来渐进而持续地解决乡村问题，仿佛以中医调理之理念来慢慢养好我们的乡村，而不是像西医那样直接采取切除或者移植手术。当然接受这一观点的前提是必须认清当前中国乡村的问题是一个长期持续的事情，这是一个人们可以理解但常常不能接受的观点，因为很多人希望能够立竿见影地为"大成就"做一些"大事情"。然而，乡村需要的是"小事情"，以成千上万的"小成就"最终成就一种真正伟大并无可超越的成就。我试图完成这样一本书，冒天下之嘲、以外行之愚见探讨文化问题，再以工匠之理解将其转化成理论和方法，尝试解决当代乡村之症结。

近十年以来，在导师崔愷院士的悉心指引下，赴足乡村，以工匠之情节、以故土之情感、以结友之情谊，在乡村中探索实践，完成了一些较过去职业生涯而言小之又小的项目，但是当看到乡人怡然自乐、看到游子故土还乡、看到村风小有改变，也常有积一小善而得意自鸣。同时，在我们的身边，人们越来越多地将"情怀"二字置于嘴边、留于心间，每每项目小成，从业主到施工单位，从厂商到实施团队，当面对某情某景无语感怀时，脱口而出的只能是情怀二字。愈是说得轻描淡写，愈是感人至深……

现实的试验以我国东南沿海地区为起点，此处的乡村属于一个经济重建问题已经基本解决的地域。在此基础上，如何以文化重塑的方式解决乡村建设问题是考量的重点。另一方面，东南沿海地区历来富庶，自然少不了悠久的历史文化和风雅旧事。经济完备、文化悠秀，因此一开始的尝试置于此地是比较合适的，至少是相对容易的。即便如此，试验过程也是步履维艰，本身乡村的事儿步步捋顺就着实会消耗不少力气，幸好有当地领导、国资公司的鼎力相帮，终归才让实践得以开展。这里不免俗套，但却不得不由衷地感激那些不遗余力支持我们的各地政府和企业，他们包容的态度、耐心的辅助，才能让我们得以发挥。在此感谢江苏省住建厅周岚博士，刘大威副厅长，昆山市杜小刚书记，周继春副市长。感谢福建省住建厅林瑞良厅长，王胜熙、蒋金鸣副厅长，晋安区林欣副区长，德化县梁玉华书记，程德强局长。感谢安徽省住建厅宋直刚副厅长，王超慧处长。也特别鸣谢昆山城市建设投资发展集团有限公司。没有这些热爱乡村的领导和企业的大力支持，我们的研究只能限于理论和空想，而他们的支撑，让我们至少为一些乡村做了很多实实在在的事儿。感谢家师崔愷先生成就了我所有的研究与实践，同时感谢邹德慈院士、王凯院长在我研究过程中的指导与教诲。

我们在尝试通过乡村规划与建造并逐步带动乡村复兴，通过微介入规划与新乡土建筑引领乡村建设，通过传统文化入手并渐进改变乡村乃至村人的一场持久战。这个探索既不是三年大变也不是五年计划，而是一次准备投入十年二十年的长期努力，至少我会用一生的职业生涯关注于此，我也相信这是文化重塑所必经的时限，只会不够、不会有余。文化复兴是非一代人的事儿，非吾辈一力而为之，**然我辈却不得不为，更不得不尽一生之力而为之！**

当下，越来越多的人关注乡村，乡建日渐成为一个很炙手可得的词汇，这总得说是件好事情，毕竟社会给予乡村的资金和关注越来越多了，但是众多"大手笔"的到来也不禁令人有些担忧，每当看见村民欢笑着签下乔迁的合约时，心中不禁酸涩。如果我们能心态平和，动作慢一点、少一点、小一点、轻一点，即使犯了错终还在可以控制的范围内，唯恐操之过急、出手过重，将个人的"善意"强加于民，其结果或无济于事，或适得其反，往往得不偿失。这更加让我们有一种责任感和紧迫感，从而将我们的经验或者教训奋笔成书，以供同样的情怀之执操者共勉，以供全国各地乡愁之坚守者共鸣！

于北京

2020年4月28日

前言

十年来，我通过大量的乡土调研和亲自主持乡土设计实践，归纳总结乡村营建的方法，尝试建立一套完整的乡村建设规划设计思路：从文化培育，到规划理念、景观治理，直到建筑单体设计一系列的研究。提出乡村建设的核心价值观——谨思慎行：**要缓而不宜操之过急；要小而不应好大喜功；要省而不是廉价复制；要细而不能粗制滥造。**

基于提出问题、分析问题，并且尝试解决问题的逻辑方式。针对我国乡村建设的现状提出当前发展存在的主要问题，并就这些问题进行材料收集和研究分析，总结并建立解决问题的理论及方法体系。

一、当前乡村建设乱象的原因剖析

长期的城乡二元结构，导致了城乡之间社会资源、财富、公共服务的分配不均。在城市快速发展的同时，广大的乡村地区长期以来担负着中国经济资本化进程的稳定器[1]，是中国现代化的稳定器和蓄水池[2]。"稳定的"的乡村长期处于一种"自给自足"或者"自我维系"的状态。面对城市的优越环境与资源优势，乡村或者悲观地颓废下去，或者夸张地比拼反超上来。基本上形成过差和过度两种状态，这些状态背后有着深层次的复杂原因：二元结构何时并怎样出现？乡村失调的本质原因是什么？人们背井离乡、摒弃乡土文化背后的根源是什么？必须找到这些原因，并且进行认真分析和梳理，方能发现问题所在，从

---

[1] 温铁军. 农村是中国经济资本化进程稳定器 [N/OL]. 凤凰网，2011-12-30 http://finance.ifeng.com/opinion/xzsuibi/20111230/5376601.shtml.

[2] 贺雪峰. 农村：中国现代化的稳定器与蓄水池 [J]. 党政干部参考，2011, 12（6）: 18-19.

而有的放矢地解决问题。

二、中国乡村文化的构建因缘和传承

中国的乡村文化有着自己构建的因缘，透彻地把握这些因缘对于形成正向的乡土价值观有着重要的意义。所谓因缘，因是事物生成的主要条件，缘是事物生成的次要条件。因意为原因，缘意为关系和作用。在我们很难界定文化的概念时，那么研究对象则选择那些已经普遍为人们所认同的文化，例如非物质文化、传统文化、民俗文化等，而研究方法则是研究这些文化所生成的原因和条件，所谓"皮之不存，毛将安傅"，把握了乡村文化所构建的因缘，保护和再生这些原因、条件和载体，方能使之合理地发展，持续地传承。否者，仅就文化保护文化，留下的只是形式和空壳。

三、基于文化修复的微介入乡村规划技术路线

城市规划的方法是否适用于乡村？乡村需要怎样的规划？一直是乡村规划领域研究讨论的核心问题。自古以来，乡村的形成都是自然而然的，无论是东方还是西方，有人类就有了乡村聚落，这些聚落的形成必然先于规划理论的产生。因此，有人质疑乡村到底需不需要规划。就我国的现实而言，乡村的财力水平、规划面积、基础数据存档与更新都远不及城市，而调研难度、交通成本、个体数量却远高于城市，也就是说，在我国相当长的一段时间里，乡村规划的取废不可能与所需的研究深度相匹配，也导致了大多数乡村规划都是简单、敷衍，更有甚者只是买一张平面总图而已。在大量的乡村调研中，所见规划图本大多非常简易，而地形房屋测绘精准者，亦是寥寥无几。而能对乡村文化进行认真梳理与研究的更是几近于零。乡村规划亟待一种与乡村发展机制、乡村生长规律相吻合的规划技术路线。

四、社区文化引导下的景观微治理策略

在我国台湾地区，我们调研发现很多乡村房子特色并不明显，但是我们总能发现干净的街道、整齐的村容和人们热情洋溢的画面，这样的画面受益于台湾近20多年来社区营造的成果。在和大陆一样经历过自上而下的行政干预之

后，台湾社会学者、乡村建筑师等乡村建设者发现自下而上的社区文化才能带动乡村本质上的变革与发展，而社区文化与社区营造实现了台湾当下"乡村比城市好看"的特点。调研的切实感受是，一个乡村如果干净整洁，环境美，就会取得很好的效果，这种经验来自于社区营造的社会学研究与实践。那么在大陆，如果建立社会学与规划学和建筑学的共同价值观会怎样？能否实现从社会、文化、心理研究到建设规划实操层面的真正统一？

五、基于本土文化思考的乡土建筑创作、改扩建理念

乡村建设最直接的载体之一是乡村建筑，而我国当前乡村乱象中建筑形象也是最为突出的问题。我国乡村建筑的发展亟待形成基于本土文化的乡土建筑创作价值观和理念。首先，这里提"理念"而不是"方法"，重点在于强调乡土建筑创作的思想意识而不是限定某一类或一些创作方法。其次，本书重点强调"改扩建"，是因为乡村中存在大量的既有建筑，针对既有建筑的改造不单是基于环保节约的考虑，更重要的是对乡愁记忆的保护。2015年中央一号文件指出：有序推进村庄整治，切实防止违背农民意愿大规模撤并村庄、大拆大建。[①]充分地利用现有的建筑进行改造和扩建对于乡村的有机更新非常重要。问题导向的一些专家认为风貌问题不重要，这是不合适的，因为美与丑所带来的问题不是无所谓，而是一种文化认知上的长期抑制，久而久之，就会与文明发展最本质的驱力相背向。

六、策略的生成机制和理论体系总结

全国乡村的共性体现的是民族性，或者说整个中国的文化；一定区域的乡村体现的是地域性，或者说地域文化；而某一个或几个乡村体现的是特殊性，也就是某些很具体的文化现象。如果没有民族性和地域性，而一味地追求特殊性，其结果就是文化的失序，失去了民族性和地域性的特殊性可以存在于世界上任何地方，可以代表任何地方的文化，那么地域的特殊性也就不存在了。因此，文化失序状态下谈地域特殊性实际上是个伪命题。因此特色的形成有着

---

① 新华社北京2月1日电. 中共中央、国务院近日印发了《关于加大改革创新力度加快农业现代化建设的若干意见》第三节第17条。

其自身的机制，并且可以进行归纳策略，而不是具体做法，无法推广，只能认知。很多人经常问我"怎么办？""有没有一套能在全国推行的方法？"等问题，答案是没有，我们要做的只能是认知，形成价值观，至少是一种态度，然后有原则地走下去。与其说做乡村，不如说是做人。

目录

第一篇

文化 / 与 / 乡村

你只有在弄清了中国想要成为什么样的国家以及她应该秉持什么样的价值观之后，才有可能来讨论中国的建筑应该是什么样子。

——阿兰·德波顿（*Alain de Botton*）

我们不但要在个人的今昔之间筑通桥梁，而且在社会的世代之间也得筑通桥梁，不然就没有了文化，也没有了我们现在所能享受的生活。①

——费孝通

---

① 费孝通. 乡土中国 [M]. 北京：中华书局，2013：22-23.

1

文化：乡村症结之本

文化不仅是过去留下来的，还有我们今昔面对的，也包括我们将要留给未来的。回望历史：南宋绍兴元年，汪氏家族举家迁往雷岗山兴建睢阳亭及十三间民宅，历经数十代留下了历史文化名村——宏村；明洪武初年，黄氏家族择址狐崍山半坡之上，历经数百载造就了名扬天下的南靖土楼群；明末清初，陈氏祖先安居吕梁山下湫水河畔，历经数千个日日夜夜成就了黄河明珠——碛口古镇……我们的先人留下了很多，留下的不仅是我们今天的财富，还有关于本土文化的传承与发展的责任！那么，在很多年以后，我们的这个时代，能够留给历史，或者给我们的后代，留下怎样的文化渊源？留下怎样的城市和乡村？

"所有文化，多半是从乡村而来"①，无可否认，乡村是华夏文化的起源。所谓"耕读传家"②展现了数千年来中华文明特有的质朴与平实，也描绘了一幅清雅幽淡的乡村生活画面。或许我们都曾从乡村田野中采撷灵感，或许我们都期许在乡村中重拾中国文化的本源，然而如今混沌滞后的乡村是否还能继续承载我们心中的依盼？

"所古先圣王之以导其民者，先务于农"③，而"务农重本"方是"国之大纲"④，这些思想体现了农耕文明在中华民族传统中的核心地位，记述了乡村对华夏文明的孕育，同时，也成就了中国乡村与海外居住小镇最大区别之特色。天人合一、道法自然，在一片能够播种的风水之地，顺应自然形势，造屋弄田，安居乐业，老少相宜，这便是中国美丽的乡村景象。所谓中国乡村之美，亦不过如此，不过是将昔日美好文化中所记忆的再

---

① 梁漱溟. 乡村建设理论［M］. 上海：上海人民出版社，2011：10-11.
② 常见于古代匾额，清《睢阳尚书袁氏（袁可立）家谱》："九世桂，字茂云，别号捷阳，三应乡饮正宾。忠厚古朴，耕读传家，详载州志。"
③ 吕不韦·《吕氏春秋》. 上农篇.
④ 《晋书·齐王攸传》：务农重本，国之大纲。

现于世人。而今日中国之乡村，是否还能堪负承载中华优秀传统文化之重责，成为人人愁思中的那座"有良田美池桑竹之属"①的桃花源？中国乡村所背负的，不仅仅是自己的健康和美，还有数千年文明的传承。

1.1 乡村的窘境

然而自20世纪80年代以来，我国乡村建设快速发展，取得了一定的成就，但这些成就是在一种高度"时空压缩"②的背景下取得的，我们用30年的时间完成了发达国家两三百年才能实现的目标，在令世界叹为观止的同时，这种压缩状态也使得各种矛盾与问题在一定时期集中显现。加之我国幅员辽阔，各地情况千差万别，极不平衡，我们所面临的困难相当复杂和多样，并无太多经验与方法可以借鉴。全国各地的研究者、实践者开始以自己的态度和立场参与乡村实践，并尝试解决日益复杂和激化的乡村问题。

特别是近20年来，中国的乡村建设得到了社会各界前所未有的高度关注，越来越多的社会学者、经济学者、规划师、建筑师、艺术家、社会团体及个人，带着大量的社会资本纷纷踊跃地参与到乡村建设中来，他们走进乡村，常驻乡村，基于专业的操守和情怀，持续地关注乡村。另一方面，返璞归真，寻根乡土，也成了越来越多城市人的梦想！大批的城市中产阶层、创业者、有乡土情怀的人们开始返回乡村，实践个人的理想和价值。一时间，乡村热、民宿热、农家热、田园热现象波及全国，周末经济、乡村游、养生养老等产业令很多发达地区周边的乡村不再"寂寞"，大量社会力量和资金的介入，带来资金与利好的同时，也带了乡村建设的很多新问题，很多非公益性的资金必定带有很强的目的性，而此种目的性也往往随之带来乡村风貌的异变。

各种乡村建设力量都在试图快速地改变乡村，岂知中国乡村在经历了上百年的文化衰微之后，又如何能够在短短数十年之内恢复元气？而我们所能做的只能是小心修复，慢慢培养，逐步恢复……

---

① 陶渊明《桃花源记》：土地平旷，屋舍俨然，有良田美池桑竹之属。阡陌交通，鸡犬相闻。
② "时空压缩"的概念源自哈维（David Harvey），哈维认为现代性改变了时间与空间的表现形式，并进而改变了我们经历与体验时间与空间的方式。而由现代性促进的"时空压缩"过程，在后现代时期已被大大加速，迈向"时空压缩"的强化阶段。

1.1.1 大量消失的乡村

从国家统计局网站公布《中华人民共和国2019年国民经济和社会发展统计公报》[1]（图1-1），中国的城镇化率不断攀升，2019年末，常住人口城镇化率已经达到60.69。根据中国城市规划设计研究院对全国20个县的农村劳动力就业地选择抽样调查统计情况分析：也基本上验证我国城镇化率达到60%[2]（图1-2）。这些数据意味着每年有1%的人口从农村涌向城市，在城市扩张与新城萌生的同时，意味着大量的乡村在消失。如果按照一个村有一千人口的话（通常不足），也就是每年要消失上万个村子。著名学者冯骥才先生在接受媒体采访时指出："每一天消失80至100个村落"[3]，在大量消失的乡村中不乏一些特色鲜明，有着传统文化价值的古村落。

快速的城镇化过程中，乡村大量撤并、乡村空心化、人口老龄化等问题不仅造成乡村特色的消失，更重要的是挖空了乡村发展的内生动力，使乡村自我更新失去潜能，也让大多数乡村的未来步履维艰。从历史进程来看，城镇化是大势所趋，但我们必须认识到城镇化率不可能是100%，仍然需要有大量的乡村留下来，成为人们生产生活的栖居之地。就算是在城镇化过程中必须流转的乡村，这个过程中需要保护好文化记忆与人们的乡愁，才能成为人口的城镇化[4]，而不仅仅是土地的城镇化。

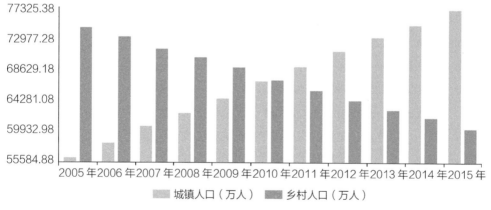

图1-1 我国城镇化率趋势分析图
（来源：生成于国家统计局网站）

---

① 《中华人民共和国2019年国民经济和社会发展统计公报》，中华人民共和国国家统计局官方网站：http://www.stats.gov.cn/.
② 引自李晓江2015年《中国工程院科技论坛报告》。
③ 吴学安. 传承古村落文化，保护先行 [N]. 人民日报：海外版. 2012-11-9 第015版.
④ 习近平同志在2013年12月12日至13日，中央城镇化工作会议上指出，"城镇化不是土地城镇化，而是人口城镇化"。

	年龄	务农	农业兼业	本地务工	常年外出务工	就学、参军及其他
全国	16-19岁	3%	2%	5%	15%	75%
	20-29岁	9%	9%	23%	46%	12%
	30-39岁	13%	25%	26%	34%	3%
	40-49岁	22%	37%	20%	20%	1%
	50-59岁	30%	43%	15%	9%	2%
	60-64岁	37%	46%	8%	4%	5%

图1-2　全国20县劳动力就业分析
（来源：引自中国工程院科技论坛报告）

1.1.2　两种同质化

在大量乡村消失的同时，另一方面，存留下来的乡村发展又面对着发展模式单一、建设方式雷同，形成了"万村一面"①的窘境。风貌日渐趋同、乡土特色消失、自然生态破坏等现象为社会各界所诟病。同时，兴布全国的农民新村建设、农民上楼社区等统一建设工程，造就了大批的类似城市住宅小区的风貌，这些忽视村民个体需求的建设方式并不能真正解决乡村问题，反而雪上加霜，令很多乡村演化成为一些低质量、无特色的小城镇的缩影。

同质化现象不仅指乡村发展同质化，即乡村与乡村的建设发展趋同，所谓"千村一面"；还要特别强调"城乡同质化"，就是乡村变得越来越不像乡村，而是向着城市的方向发展。

由于长期的城乡二元结构，城乡差距拉大。城市人的生存质量、现代化程度明显优于乡村，于是很多乡村以城市为"样板"，房子越盖越高，马路越修越宽，广场越来越大，特色越来越少（图1-3、图1-4）。

---

① 尹卫国. 谨防"千城一面"衍生出"万村一面"[N]. 人民政协报：生态周刊. 2011-4-1第C01版.

图1-3　像城市小区一样的乡村　　　　　　图1-4　乡村中的路越修越宽

1.1.3　危机与"乡愁"

　　技术和生产方式的全球化带来了人与传统地域空间的分离。地域文化的多样性和特色逐渐衰微、消失。[1] 我国的传统文化面临着前所未有的历史危机。先进的技术手段，便捷的交通方式，信息对等的互联网资源，如果再缺少对自身文化的坚持，传统文化和地域特色就会迅速消失。乡村是传统文化的高地，却又是政治和经济环境中的弱势群体，很容易在利益和代价的评估中被放弃或牺牲，这些年来，迁村并点、进城上楼、建设用地增减挂……这些粗犷的"建设暴力"[2]让很多乡村连同其文化一起荡然无存！因此乡村成为保护和传承中国传统文化的重点和难点。

　　2013年习近平总书记在中央城镇化工作会议上提出："让居民望得见山、看得见水、记得住乡愁"[3]，引起了社会各界的强烈共鸣，激发了最为广泛的热议与讨论。而记住乡愁很重要的意义在于对自身文化和过去深厚情感和自觉认同。邹德慈院士指出"望""看""记"三个行为动词时刻提醒我们，"人"才是解决这场文化危机的核心。要呵护传统文化，加强乡愁意识，关键在于唤醒所有"居民"心中那片固有的文化坚持。

---

① 吴良镛执笔《北京宪章》1999年6月23日，国际建协第20届世界建筑师大会通过。
② 熊培云. 一个村庄里的中国［M］. 北京：新星出版社，2011：461-472.
③ 出自于2013年12月12日至13日在北京举行的《中央城镇化工作会议》文件。

1.2　乡村三要素

关于乡村，辞海有三个含义：① 村庄；② 今亦泛指农村；③乡里，家乡。这三个解释中，村庄可谓是风貌解读，村和庄都是人们对乡村的本体记忆；农村表达的是产业，即农业；乡里、家乡显然带着某种情感，是文化的诉求。

研究乡村的时候，常把一个乡村比喻成一个人，而我们对一个人的印象，源于他的形象、气质和实力，对乡村而言，人们的印象同样源于这个乡村的风貌、文化和产业，即乡村的三要素。当下很多学者，只在乎乡村的产业，认为只要有了产业，风貌与文化自然会好，但事实并非如此，很多爆发的乡村最后形成的文化和风貌一塌糊涂。另一方面，曾经一些地方管理者，只重视风貌，产生了很多涂脂抹粉、雕梁画栋的现象，最后村民没有收益也不买账。这两种情况的问题都在于忽视了文化的重要性。

我国台湾社区营造的理念是在以往乡村建设失败基础上的修正，从"风貌-产业-文化"发展模式向"文化-风貌-产业"模式的调整。也就是文化先行，然后开始有了新的风貌，接下来开始发展。如果还是将其比作一个人，就是这个人先要有了理想和正确的价值观，然后才能展现出积极健康的精神风貌，就可以干出一番惊天动地的事业。这里特别指出，很多人认为风貌不重要，其实不然，之所以大陆和台湾在乡村建设初期都出现过只重视风貌的过程，源于风貌本身的重要性，源于人们对美本性的追求。建筑大师Ludwig Mies Van der Rohe（路德维希·密斯·凡德罗）曾经被包豪斯的学生质疑是形式主义者，大师反问这个学生是愿意和漂亮的女生交往，还是喜欢和丑陋的姑娘交往，学生语塞。对乡村风貌的追求，原本就是人们本质的好恶，而美丽的乡村，更是人们对乡村应有的企盼。

1.2.1　乡村文化

文化的含义非常广泛，广义指人类在社会历史实践中所创造的物质财富和精神财富的总和。狭义指社会的意识形态以及与之相适应的制度和组织机构。尽管辞海给出这样的阐释，但事实上文化的概念非常庞杂，有很多种定义，有国外学者对已知的文化定义进行了整理，发现了超过一百多种概念[①]，因此，乡村工作者面对文化问题往往束手无

---

① 1952年，美国人类学家克罗伯（A.L.Kroeber）和克拉克洪（C.Kluchohn）在《文化：概念和定义的评价》（ *Culture: A Critical Review of Concepts and Definitions* ）中一共整理了164种文化的概念。

策，或略之，或避之，拆解文化宽泛的概念，寻找简单易行的价值观判断方法，是解决文化问题的抓手。

乡村文化是指在存在于乡村生活中，由乡村居民世世代代不断传承与发展的观念和意识形态。乡村文化是一种"活态"的传承与发展，既有传统特色，又有时代特征。包括乡风民俗、观念信仰、乡音方言、歌舞艺术、戏曲民谣、传统工艺、村规民约、宗法制度、节庆祭典、邻里关系、社会组织等方方面面。

现实的乡村中，对文化的理解常常泛化或者过于具体化，所谓泛化就是一切都是文化，好的坏的都是文化，从而导致文化无法作为工作和发展的指引；另一种便是具体化和简单化，很多地方认为文化建设就是修个文化站、图书室，甚至只是在广场上放置几个健身设施。

1.2.2 乡村风貌

风貌是指风格和面貌，亦说景象。这里所指村庄呈现出的可以被人们所感知的状态。风貌一词在中文中起初用于描绘人的外貌：如西晋张华在《博物志》卷六中写道："凯有风貌，乃妻凯。"唐代诗人皎然在《送顾处士歌》中描写"吴门顾子予早闻，风貌真古谁似君。"唐末宋初文学家孙光宗在《北梦琐言》卷五中写道："唐大中初，卢携举进士，风貌不扬，语亦不正。"后来逐步开始引申为事物的外貌，如清代王士禛《池北偶谈·谈艺二·忆秦娥词》中写道："破檐数椽，风貌朴野"。如今，风貌一词除了描述人和事物，更多地还表达一人文精神和状态，如1966年峻青在《记威海》中描述威海城："它朴质、刚毅、深沉、含蓄，更多的富有我们的民族风貌。"所以，风貌的概念已经引申为内在风格和外在面貌之和，对乡村亦如此，甚至精神风貌比物质风貌尤为重要。

乡村风貌是指乡村呈现出的景象、外貌，包括乡村的环境特色、空间格局、建筑宅院、人文活动等要素。以往对乡村风貌的理解常常指强调乡村的房屋建筑，而常常忽视周边环境特色和乡村生活场景等重要方面，特别是乡村的环境背景，就像是一幅山水画的远景，一旦破坏，再好的乡村形象也无所依存（图1-5）。

描绘乡村风貌，从外到内依次包括环境背景、空间格局、建筑宅院、景观要素等，这些方面共同造就了乡村的形象，形成了人们对乡村的印象和理解。这些方面的具体内容如下：

环境特色：指乡村的山水格局，地质风貌。包括山峦胡泊、地形地貌、农田植被等（图1-6）。

图1-5　乡村风貌构成示意图（江苏省昆山市东西浜村）
（来源：笔者自绘）

图1-6　村庄的山水环境格局（安徽家朋乡）
（来源：笔者自摄）

图1-7 劳作中的村民
　　　（山东三德范村）
（来源：笔者自摄）

空间格局：指乡村的规划布局，空间构成。包括聚落形态、宽街窄巷、庭院广场等。

建筑宅院：指乡村的房屋建筑，宅地院落。包括公共建筑、民房农舍、库、坊、棚、圈等。

人文活动：指乡村的生活状态。如生活和劳作的呈现，集市、节庆等人文活动，是乡村风貌的重要组成部分（图1-7）。

1.2.3　乡村产业

在中国几千年的历史长河中，乡村的产业基本上是依托所处的自然环境的，普遍的是农业，亦有一些依托矿产、渔牧、交通、军事等其他地域资源的。随着社会发展，这些资源型产业相继受到冲击，而渐渐不足以支撑人们的生产生活需要。以致乡村劳动力剩余，人口外流。产业的发展根本上促进城镇化的过程，提高人类社会化生产的效率，从而大的趋势上不可避免地让一些村庄消失。

土地的产出已不足以满足人们日益增长的物质与精神需要，这是一个很现实的问题。我们调研的大部分地区的情况是一亩地一年的产出大约是500~2000元，而大部分地区人均耕地的亩数基本上都是个位数。相比中国城镇职工的平均年收入相去甚远，完全不在一个数量级上。也就是说以农业作为主业发展的话，需要产生几十甚至上百倍的附加值。很多学者期望农业能够振兴乡村，确实不可否认一些高附加值农业，比如中草药、特殊物种、特色农业可以使一些乡村得到复兴和发展，但不可能振兴所有乡村，因为不可能所有农村都生产高附加值产品，大部分乡村还需要提供整个社会的基本粮食需求。

在一产力量不足，二产因生态和效率问题不适合在乡村发展的情况下，立足三产是在城镇化大潮中能够幸存的乡村唯一的路径。而在农业或自然资源基础上派生的第三产业，是可持续的发展模式，也是城市反哺乡村的重要途径。

当前社会背景下，吸引城市人的旅游、培训、养生养老等服务业是最为常见的经济反哺方式，而这些方式显然对乡村的文化与风貌提出了更高的要求。

1.2.4　生命与灵魂

我们经常把乡村比喻成一个人，那么文化就是他的灵魂，产业便是他的生命，而风貌便是他的身体状况。风貌是外在的，而文化和产业是内在的，因此，抓风貌问题，就要从文化与产业入手，美好的乡村风貌，一定是良好的产业与健康的文化的展现，这种风貌是从内而外、自然而然地体现出来的。悉数我国上千年来那些传世经典的名村古镇，无不是一个时期文化昌盛、经济繁荣的历史印记。

产业是乡村的生命，没有产业，乡村就会死亡，有了产业，乡村就可以生存，但是基于优秀文化和风貌特色的产业会使得这个乡村成为一个有生命力的"好人"，而失去文化、不顾风貌建设的产业可能使得这个乡村成为一个活着的"坏人"。故此，我们不仅希望乡村活着，更加希望它们快乐健康地活着，呈现出最好、最美的风貌。

1.3　文化探讨的不足

近年来，乡村问题受到了全社会的广泛关注，越来越多的学者投入到乡村问题研究领域。各个行业对乡村的关注侧重点不同，提出的乡村问题解决方法也存在不同的理解和主张，但是如果不谈文化，多数问题只能治标而不治本，很多乡村经济好了，环境好了，设施好了，但是精神风貌和物质风貌却变得更加糟糕，这根本在于文化底蕴的缺失，而文化这件事儿显然非朝夕之功，需要长远而深刻地反思与研究。

1.3.1 乡土文化先行者

清末到民国，中国政局动荡，学界衰微，而西方学者有机会从另一面对中国问题进行了深入研究，这一时期，哈佛大学历史学家费正清先生对中国历史做了充分的研究和梳理，著有《剑桥中国史》，其中《剑桥晚清史》和《剑桥民国史》各分上下两卷，对中国当时的包括农村问题在内的各个领域发展情况做了相对客观的论述。民国时期，各界人士纷纷投入救国运动，很多有着卓识远见的学者认为中国的首要问题是乡村问题，于是纷纷到乡村中开展救亡中国之路。其中梁漱溟先生的论著颇多，包括《中国文化要义》，对中国伦理文化进行了详细的论述；《东西文化及其哲学》对比了东西方的文化特征，并且肯定了东方文化的优越性；《乡村建设理论》以山东邹平的实践为基础，阐述了梁先生关于乡村文化、乡村治理和乡村建设发展的全面思考。中华人民共和国成立前后，著名社会学家费孝通先生先后发表了《江村经济》《乡土中国》《乡土重建》三部著作，从实地调研，到文化论述，进而到乡村文化复兴，提出了一系列乡村文化修复策略，遗憾的是，后来因为众所周知的原因，费孝通的思想并未能在我国农村建设中发挥应有的作用，但是对我们今天的研究仍然非常有价值。20世纪80年代，我国台湾著名历史学家孙隆基出版了《中国文化的深层结构》，以西方视角，对中国乡土文化进行了剖析，提出了中国乡土文化的一些深层次特征。20世纪末到21世纪初，国内外大量学者对中国乡村文化问题进行了论述，大多地域更加具体，问题更加深入，比如美国学者杜赞奇的《文化、权力与国家：1900—1942年的华北农村》（1993年），哈佛大学博士景军的《神堂记忆：一个中国乡村的历史、权力与道德》（1996年），贺雪峰的《新乡土中国》（2003年），农民作家刘亮程的《一个人的村庄》（2006年），熊培云的《一个村庄里的中国》（2011年）等。

这些文献侧重于文化研究与史实整理，记述了中国乡村文化的特征及发展经历，是研究乡村发展与乡土文化的重要基础文献。

1.3.2 当代研究与探索

1999年，20届世界建筑师大会在北京举行，由吴良镛院士执笔的《北京宪章》引发了世界各地建筑师关于"地域性""文化多元性"的思考。特色一词在千城一面、万村一面的时代频繁提出，比如浙江省发起的"美丽乡村"建设、江苏省发起的"特色田园乡村"建设，以风貌改变为导向的诉求已经成为近些年国内村镇发展的一种方向。

在乡村营建实践方面，各行各业各显神通，分别以各种专业技术策略来应对。从早期的社会学家、哲学家、人类学家、心理学家到艺术家、文学家，再到规划师、建筑师、景观设计师的大量参与。形成了一些享誉国内外的乡村实践，比如博得海外广泛关注的碧山计划；在国内颇有影响的郝堂实验；在乡土建筑发展上不乏影响的文村实验、松阳实践；社会资本强势介入的华润希望小镇、田园综合体等等。这些实践产生了大量的论文和文献资料，为乡土文化复兴与乡村营建提供了丰富的案例经验。

1.3.3 实际操作的脱节

当前国内乡村领域研究、乡村文化研究和乡村建设研究基本上处于不同的研究范畴。乡村文化研究以社会学、人类学、管理学研究为主；乡村营建的研究以规划学、建筑学、景观学为主，两者为数不多的交集在于社区营造和参与式规划，然而乡村建设者的实际操作很难真正做到将两者相结合。人文社会学者、经济产业专家、设计学人，还有工程建设者的价值观背离，也造成了实际操作层面的困境，仅是在规划与建筑学科之间，矛盾与观点差异便层出不穷。

文化研究者对实际的建设与操作常常无从下手，而具体的乡村实践者又常常无视社会人文的重要性。因此，亟待形成共同的价值导向和普遍共识的意识形态，也就是共同的文化观念，否则，我们就会永远在一条往复的道路上挣扎。

2

乡村：失语的两百年

　　乡村存在了数千年，自有人类聚落那天开始，乡村便自然产生了。然而"乡村建设"这个词却是近现代才产生的，是指人们依据一定的理论或价值观念，对既有的、已经在文化、产业和风貌上开始衰败的乡村进行系统的以乡村复兴为目的的改造和建设活动。乡村建设强调乡村以外的人、力量、资金对乡村进行改造以促进乡村发展的行为。农民个体的翻新房屋或者某个建筑师偶然受邀到乡村里设计一两栋房屋都不能算是真正意义上的乡村建设，只能称之为生长。这个问题和谁是乡村建设的主体无关，只是和什么时候需要外力来改变乡村有关。

　　大部分学者以20世纪二三十年代的乡村建设运动作为研究起点，实际上在1920～1930年时期，乡村的问题已经非常严重，到了不得不治的程度，因此外力出现了。然而正视当下乡村的问题，应该从乡村建设运动开始前一百年中国文化的变迁开始。事实上，早期的乡建先行者们面对的问题，正是在这一百年中所产生的经济和文化的问题。"中国自古就是一个国力强盛、文化发达的大国……根本不存在对自己传统文化怀疑的问题。但这种文化自信力在鸦片战争以后，在西方坚船利炮、各种不平等条约的宰割下受到了极大冲击。"[1]

　　在过去相当长的历史进程中，我国城市和乡村自然地繁衍生息，自我调续、更新和发展，并未拉开很大的差异，特别是以农耕文明发展为主的中国，两千多年的封建社会进程中城市并未有十分优越于乡村的表现，但是1840年以来，国家内忧外患、屡遭侵略，国民经济衰退、文化教育滞后，而当时占中国百分之八十以上的人口在乡村，所以中国当时的问题基本上就是农民和农村的问题。而当时的大城市交通优越、人口集中，很快受到了西方一些先进文化的影响，而与滞后的乡村形成了巨大的差距。这时，一些

---

① 陈先达. 当代中国文化研究中的一个重大问题 [J]. 中国人民大学学报. 2009.06：2-6.

受到了更好教育的"城市人"凭借自己所学，带着爱国之志，进入乡村并研究乡村问题，才有了当时的乡村建设实践。

梳理中国的乡村建设过程，早期以扫除文盲、振兴农业开始，这就不难理解20世纪二三十年代的乡村建设运动缘何都是由社会学家和教育家主导。而中华人民共和国成立以后相当长的一段时间里进行政治改造和农业经济发展，改革开放以后则进入农业生产改革和乡镇企业发展的经济建设阶段，涌现出大批的经济学者和三农专家。进入21世纪以后，越来越多的乡镇规划设计单位介入并开始了以规划师、建筑师主导的乡建时代。这一过程受到了政治、经济、文化的多重影响，并在逐步的试错过程中趋向良性的发展。

需要对乡村建设的历史进行一定的梳理，侧重于重大文化变革作用下的乡村发展历程，从而深刻地理解乡村的发展问题。中国历史上有着大量文化璀璨和风光秀丽的传统村落，那时乡村没有需要外力解决的问题，也就不需要乡建。然而今天我们的乡村风貌花费了大量的资金，却总是搞不好，那就从发生问题的19世纪开始，分析一下我们的乡村到底怎么了？文化怎么了（图1-8）？

2.1　昔日之辉

事实上，1800年以前的中国是世界上最富庶的国家之一，在文化方面也是很多国家朝圣学习的榜样，方有乾隆年间的"万国来朝"。由于全民族推崇"耕读传家"的美德，重视子孙的教育，实际上中国的乡村培养了很多有文化的农民，他们励精图治，或者考取功名，或者周游四方，然而最终还会荣归故里。因此，才有了中国历史上诸如安徽宏村、福建田螺坑等享誉海外的历史文化名村。而我们今天如果还希望有新的乡村营建的传世，那么首先实现的必须是一个时期健康的文化和大环境。

2.1.1　人均GDP超过欧美

大航海时代之后，受到"欧洲中心论"的反思，西方学者对世界经济格局有了新的反思，其中很多权威经济学者对当时的世界经济格局重新做了分析和研究，并进行了一些核算。

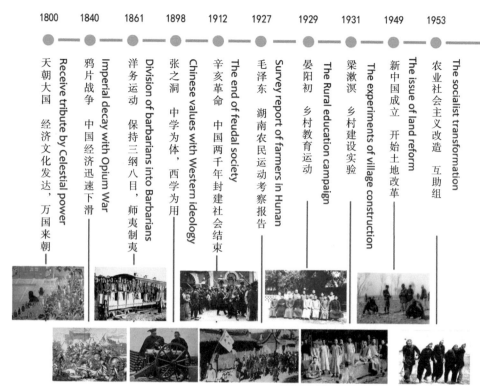

图1-8　1800年至今影响乡村文化发展的大事记

（来源：笔者自绘）

　　其中，西方经济学者贝洛赫（Bairoch）推测1800年中国GDP占世界的比重高达44%，1840年仍高达37%。另外一名学者麦迪森（Angus Maddison）计算出1820年中国GDP占世界比重为32.9%。[1]这些估值意味着中国的经济总量占全世界的三分之一左右。然而从19世纪初开始，伴随着鸦片贸易、侵华战争、割地赔款、整治动荡等天灾人祸，中国经济开始迅速衰败，作为农业大国，清末民国初期中国的经济负担依靠农业来承担，直到19世纪80年代，农业占国家经济产值的66.79%[2]，可见最终是由乡村成为这些灾难的主要承担者，中国乡村的产能和经济不断地被压榨，直到无法生存（表1-1）。

---

①　刘逖. 1600—1840 年中国国内生产总值的估算［J］. 经济研究. 2009. 10：144—155.

②　费正清，刘广京等. 剑桥中国晚清史（下卷）［M］. 北京：中国社会科学出版社. 1993：9—10.

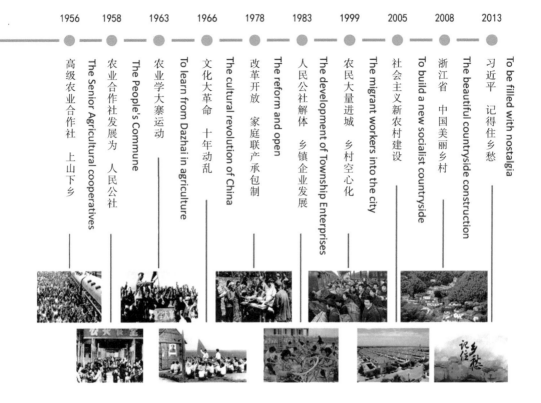

| 1956 | 1958 | 1963 | 1966 | 1978 | 1983 | 1999 | 2005 | 2008 | 2013 |

高级农业合作社　上山下乡
The Senior Agricultural cooperatives

农业合作社发展为　人民公社
The People's Commune

农业学大寨运动
To learn from Dazhai in agriculture

文化大革命　十年动乱
The cultural revolution of China

改革开放　家庭联产承包制
The reform and open

人民公社解体　乡镇企业发展
The development of Township Enterprises

农民大量进城　乡村空心化
The migrant workers into the city

社会主义新农村建设
To build a new socialist countryside

浙江省　中国美丽乡村
The beautiful countryside construction

习近平　记得住乡愁
To be filled with nostalgia

西方权威经济学者对1840年前后中国GDP的分析估算				表1-1
分析人	1840年以前总GDP全球比重	1840年以后总GDP全球比重	1840年前人均GDP对比西方	1840年后人均GDP对比西方
贝洛赫	44%	37%	高于法国4%	约为法国的2/3
麦迪森	32.9%	约30%	与美国接近	约为美国的1/5

（来源：笔者整理）

另一方面，根据《清史稿》等历史文献、《万国来朝图》[①]等书画作品，尽管这些资料有其夸张成分，但画作基本上还是能够反映当时画匠的见闻，可见清代中后期中国国力之昌盛。这一点，从中国当时的文化教育方面也可以得到有力的证明，那些保留的乡村历史建筑，可以如实地展现那段历史。

---

① 万国来朝图大约有五幅，绘制于乾隆年间，乾隆执政期间在1800年的前60年期间。

2.1.2 乡村里的高等教育

梁启超先生说："所谓中国之国民性，传两千年颠扑不破者也。"[①]此处所指"国民性"正是中国人的文化特征。自古中国采取较为先进民主的科举制度，平民通过读书写作便可以进入上流社会，成为士官望族。所谓"朝为田舍郎，暮登天子堂。"[②]因此中国农民在经济条件允许的情况下非常重视子女的教育问题，明清历代官府兴办社学和义学，包括省学、府学、州学、县学；而民间开办书院或家塾，包括私塾、家馆、族塾等，清代在政府办学角度看，社学遍布于城乡，据记载清代雍正时期，12~20岁的农家子弟，均能入学读书，学习儒家经典和朝廷律令[③]；事实上，民间比政府还要重视子女的教育问题，因此，在我国乡村凡是大户之家和饱学之士，都有兴修书院的愿望。这些不仅在文献资料中可查，在我们实际的调研中也深有体会。

在实际调查的乡村中，华北地区的乡村由于多经战乱和饥荒变迁，所剩官学或私塾已不多，但关于私塾的记载和传说很多，比如山东朱家峪村，据说晚清时期私塾多达十几个，至今保留一座，为朱进士的府第。在江南和福建广东等地，由于战乱饥荒较少，村落中保留的教育机构则比比皆是。比如清代徽州歙县雄村的曹家，经商有钱之后便在村里修建了"竹山书院"，建筑精美，园林雅致。到清代中后期，全国建有书院数千所，基本普及城乡。比如福建的培田村，一个不足千人的村子里的有书院2座、学堂多达6所之多；再比如广东佛山的松塘村，村中有社学1座，书舍和家塾4座，孔庙1座。当时中国经济文化教育之繁荣，可见一斑（图1-9~图1-12）。

蒙以养正是中国人非常重要的价值观，做能够读书识字的、有文化的耕读雅士，一直是中国乡人的夙愿。于是耕读传家四个大字，出现在中国不同乡村宅院的门第上，成为中国人进可读书、退可耕田的幸福小农生活的真实写照。同时，基于儒家根深蒂固的礼乐思想，也促使包括乡村建筑在内的中国建筑一直按着"礼之法制"[④]而稳定发展。

由于中国文化的稳定性，稳定到"皇权不下县"便可实现乡村的自我管理和运行，实现原生态的村民自治。然而这种稳定却也最终酿成了一场民族的灾难，当西方列强完成了工业革命与开拓了"大航海"时代。一场由鸦片输入开始的经济掠夺与中华文明悲惨衰弱随之而来。

---

① 梁启超. 春秋载记·小序. 饮冰室合集（第8册）[M]. 上海：中华书局. 1936：2-3.

② 出自汪洙的《神童诗》：朝为田舍郎，暮登天子堂；将相本无种，男儿当自强。

③ 赵尔巽等. 清史稿. 第12册106卷 [M]. 北京：中华书局. 1977：3100—3119.

④ 《礼记·乐记》："天高地下，万物散殊，而礼制行矣。"孔颖达 疏："礼者，别尊卑，定万物，是礼之法制行矣。"

图1-9　安徽雄村的竹山书院
（来源：笔者自摄）

图1-10　竹山书院中精美的园林
（来源：笔者自摄）

图1-11　福建培田村的书院建筑
（来源：笔者自摄）

图1-12　广东松塘村成行的书舍建筑
（来源：笔者自摄）

2.2　百年苦难

　　1840年到1949年，在我国历史上可谓是百年风云。在这段时间里，统治中国两千多年的封建社会在侵略者的压迫下狼狈收场，中华民族内忧外患，中国文化受到了前所未有的冲击，西方文化的强势介入让"中西合璧"的文化现象越来越普遍，国人对主导中国两千年发展的国学文化丧失了信心。

　　在乡村中，由于掠夺、战争、贸易逆差产生的巨大经济代价转嫁给作为当时中国支柱的乡村，同时，工业发展的诉求也同时在乡村中出现。几千年来相对封闭、稳步发展的中国乡村文化和固有风貌在外界条件的急剧改变下开始了相应的激变。这种激变在华北东北饱经战乱和饥荒的地区，以及江南福建广东沿海口岸地区，则呈现出不同态势的愈发明显。

2.2.1　中学为体，西学为用

1898年，晚清洋务派代表人物张之洞著有《劝学篇》[①]，文中反复强调"中学为体，西学为用"的观点主张，标志着我国长期以来自然而然、自我传承的文化发展在西方列强尖兵利器的压迫下，不得不遭受巨大的冲击。而"中学为体"在洋务运动后期提出，是源于当时洋务运动造成的儒家治国文化的危机，朝纲内部关于"中学"与"西学"之争愈演愈烈。[②]

始于1861年的洋务运动，在清政府不得不低头向西方学习的时况下，提出了保持"三纲八目"[③]，西学为我所用的主张。然而，一方面想保住当时的封建帝制文化，一方面又想接受西方的科学知识，只是当时保皇势力的一厢情愿，西方的文化思想、民主思潮也不断地涌入中国，最终导致了帝制的结束，共和时代的到来。而西方文化对中国文化的冲击首先开始于沿海城市，即开放口岸，然后向内陆腹地拓展，但受于当时交通条件、经济状况的影响，对广大乡村地区的影响主要还停留在认知层面[④]，并未产生太大的促变作用。正是这个原因，中国城市与乡村的文化交融模式开始发生变化，在过去封闭的中国，文化很多来自农耕的经验，比如节气、企盼风调雨顺的一些乡土风俗，所以当时城乡文化至少是对等甚至于乡土文化更被认为是根本。西方文化强势进入中国，是从城市开始的，然后由城市向农村传播，这使得两者在文化获取的优先权发生了变化，也是近现代城乡二元结构形成的早期文化背景。

1. 城市之西学强侵

事实上，清末至民国初期，在我国广大的乡村，除了直接经受战乱的区域造成了一些乡村的转移，大多数乡村仍处于自然的状态下，尽管全国各地的"农会"将一些育苗、除虫、化肥技术知识向乡村推广，但当时的西方技术相比传承千年的东方农耕文明并未带来多大的增产，更多的是进出口的需求造成农民对种植种类和规模的调整。因

[①]　张之洞. 劝学篇 [M]. 河南：中州古籍出版社，1998. 09：3-4.

[②]　满清王朝是少数民族执政的政府，因此在外敌入侵时不可能依靠调动"民族主义精神"来发动全民抗击外敌的策略，当游牧民族所依仗的骑兵多次惨败于西方的洋枪队以后，政府开始进行改革，因此朝纲内有中西学之争。

[③]　三纲八目：儒家文化观点。三纲：明德、新民、止至善；八目：格物、致知、诚意、正心、修身、齐家、治国、平天下。

[④]　美国教育学者布隆姆（B.S.Bloom）将认识逐级分成三个层面：认知层面（Coginitive Domain）、情意层面（Affective Domain）、行为层面（Behavioral Domain）。

此，中国农业仅仅"发生了细枝末节的变化"。①尽管在城市中，特别是口岸租借地，如上海、广州、天津、青岛等地中西文化迅速交融，但是在乡村，传统文化思想依旧占据主导，外来文化的干预并不强烈，然而一些新鲜出现的事物或多或少地改变着当时的中国乡村，这种改变更多的是装饰或局部的形式，并未触动乡村风貌的本质变化。影响最大的区域位于福建、广东沿海地区，出现了一些特例，比如在广东出现的开平雕楼，在福建出现的番仔楼②，但实际上这些建筑形态是村民出海经商取得的成果，是主动舶来的建筑形式，谈不上是西学的影响（图1-13、图1-14）。

图1-13　广东自力村
　　　　的雕楼群
（来源：引自开平碉楼
网站）

图1-14　福建东美村
　　　　的番仔楼
（来源：笔者自摄）

①　费正清，刘广清．剑桥中国晚清史1800—1911（下卷）[M]．北京：中国社会科学出版社，1985.02：10-11.
②　番仔楼：福建称去海外打工的人为潘仔，因此将他们回来造的房子叫做番仔楼。

当时华北、东北地区，由于连年战乱导致的经济落后也促使乡村并无太多的建设量，新建屋舍仅能度日而已。特别是在深受战乱灾苦的华北、中原地区，其景象只能用"民生凋敝"来形容。乡村中文化活动大多中断，财富被大量征收后的人们生活贫苦，已经没有经济能力去造房、修堂、办学和教育。晏阳初指出的中国农民"愚、贫、弱、私"四大症结也正是在这一时期产生的。通过一组美国地质学家拍摄的1909年的华北农村，我们可以想象当时乡村文化和风貌凋敝的惨状（图1-15、图1-16）。

图1-15　1909年河北的乡村
（来源：Thomas Chrowder Chamberlin
（美国地质学家张伯伦））

图1-16　1909年河南的乡村
（来源：Thomas Chrowder Chamberlin
（美国地质学家张伯伦））

2. 城乡分道扬镳

大都会中西方文化与东方文化交汇融合，例如圆明园中已经大量出现的西洋楼、大水法；各个租借地出现的西式建筑，如1906年开始兴建的上海外滩。但是乡村由于地缘因素仍然保持着封闭、自然的发展状态，如晚清时期多数民居仍然保持传统的技术，尽管这一时期乡村的文化和风貌并未受到直接的冲击，但是这样的结果对于乡村文化的发展却产生了**两个深远的影响**：

第一、中国历史上城市文化与乡村文化之间首次形成了巨大的差异与割裂。

传统中国"耕读"文化中，城市和乡村的文化保持着高度的一致性，甚至乡村的地位更高。因为从传统社会中国人行业的社会地位来看，受尊重的行业和阶层次序是"士农工商"，而士是地主、士绅，实际上也是比较有文化的农村人，而农是农民，两者的地位皆高于城市中的"工和商"，工商这种不生产粮食的阶层，在农耕文明中是要排在后面的；另一方面，从社会主流思想也可以看到，农民耕读的目标或者人生价值在于离开家乡去做一番事业，然后终归还是要"荣归故里、衣锦还乡"。因此，乡对于社会主导的士绅阶层而言，是真正的心灵家园，城市不过是实现人生价值的工作地点。但从晚清开始，中国的稳定文化圈被打破了，城市与乡村的关系因为西方文化和思想介入，特别是先进科学技术的介入，城乡价值观念发生了改变：前者接受西方文明，走向中西方文化的交融与涵化；后者未受太多波及，保持传统文化的缓慢更新与发展。这意味着在中国，城市越来越开放、融合，知识和技术上变得先进；而乡村则越来越落后，甚至故步自封，知识和技术要依托城市作为传播媒介。从这时起，乡村相比城市，即被扣上了落后、愚昧的帽子……此时，城乡二元结构的文化对立已经开始（图1-17、图1-18）。

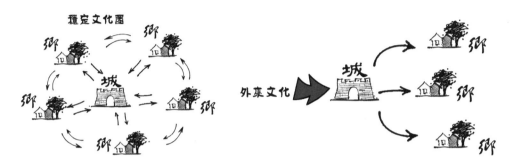

图1-17 传统的中国城乡文化关系 　　　　　图1-18 外来文化介入后的城乡文化关系
　　　（来源：笔者自绘）　　　　　　　　　　　（来源：笔者自绘）

第二、中国上千年来原本优越的乡土文化开始丧失自信。

农业发展没有质的飞跃，但人口却以每年1.4%[①]的速度持续增加，同时，战乱及国家不断地割地赔款的财政索取，使得中国农村不断地被压榨和破坏，私塾、集市、庙会等文化、商业、宗教、民俗等活动在乡村中不断减少直至彻底消失，乡村向着维持生计的基本生存居住功能转化。中国乡村千百年来自给自足的生活模式遭受到最大限度的破坏，随之而来的是贫穷、落后、愚昧与无知。造成了20世纪初中国乡村里大量的文盲与落后的文化基础，同时，乡村在饥饿、贫困与无知中，占中国人口绝大多数的乡村居民开始对中国文化和思想彻底绝望和失去了最后的信心。

2.2.2　东西方文化救国

20世纪初，民国期间当时的国民政府为了拯救国运，重造乡村，也出资出力进行了一定范围的乡村建设运动。以晏阳初、梁漱溟、陶行知、黄炎培、卢作孚为代表的大批优秀的中

---

① 乔启明，J.L.巴克. 中国农村人口集团的组成和增长 [J]. 北京：中国经济杂志，1928.3（2）：219-235.

国知识分子、思想家、教育家发现了国难家破的根本原因在于中国乡村的颓废和文化的衰亡，于是这些大家们开始实地调研，进入了广大农村，开始了他们的乡村救国之路。而其中对乡村问题研究最深、实践时间最长的莫过于晏阳初和梁漱溟，两位大家一个自幼受西方文化熏陶成为美国名校高才生，一个是国学世家从小研究佛学、国学而成为儒学大师，他们分别基于西学和国学的研究和实践经验对于近百年后的今天依然有着重要的启迪作用。

1. 西学：晏阳初和定县实验（1929—1937年）

西学经历： 晏阳初是20世纪中国最伟大的教育家之一，也是民国时期赴美一流高等学府留学并回国进行乡村建设的著名爱国人士。晏阳初1890年出生在四川巴中县的私塾之家，其父是私塾教师并且是中医医生，也是他的启蒙老师，从小受到儒学思想的教育；13岁到教会西式学堂学习，并在学习期间加入基督教，17岁进入成都华美高等学府；23岁到香港圣史蒂芬孙学堂学习，并确定了研究方向为政治经济学；26岁离开香港，远渡重洋，进入世界著名高等学府耶鲁大学主修政治学，形成了科学民主的价值观；28岁弃文从戎，跟随美国军队到欧洲战场帮助那里被英法军队奴役的华工，并于次年创办了《华工周报》，并开始了最初的文盲教育工作。第一次世界大战结束后，晏阳初重返美国普林斯顿大学深造并于一年后取得了硕士学位。1920年，30岁的晏阳初带着满腔热血回归祖国，开始了报效祖国的教育实践。1923年，在北京西郊清华学校，晏阳初与朱其慧、陶行知等人成立"中华平民教育促进会总会"（以下简称"平教会"），并担任总干事，开始城市平民教育，并关注妇女与士兵等特殊群体的教育。1926年，晏阳初认识到当时中国85%的人口在乡村，而且几乎全是文盲，并开始将工作重点由城市转向乡村。1929年，晏阳初全家移居河北定县，并将"平教会"总会迁移至此，同时，先后号召数百余知识分子下乡任教，掀起"博士下乡"运动。1937年由于中日战争，定县的乡村建设实验不得不中断，但晏阳初关于乡村建设的理论就此形成，"定县实验"的经验也被当时的国民政府认可，并在后来的"华西实验区"继续实践，一直到十几年后的中国台湾农村建设之初，都发挥了重要的作用。70年后，中国大陆三农问题专家温铁军教授又在河北进行了第二次"定县实验"。

平民教育的核心在于"民为邦本，本固邦宁"，通过"文艺、生计、卫生、公民"四大教育来实现全民教育，造就"新民"。"文艺教育"的目的是消除愚昧，扫除文盲，推行简化字，使乡民获得文学、艺术等方面的教化，提高人生价值观和艺术审美品位；"生计教育"的目的在于消除贫穷，促进乡村产业发展。通过培养农民农业知识和技术，提高科学生产，发展乡村经济。并且教育农民利用合作方式成立互助社、合作社、联合社等组织；"卫生教育"的目的在于消除病弱，提高全民卫生健康意识，创建医疗保健制度，针对乡村进行划区，逐级设立保健院（县级）、保健所（区级）和保健员（村级），确保农民最低限度的健康权益；"公民教育"的目的在于提高道德，使乡民得到彻底的提升成为"有公民意识"的人，能够团结，能够有公共意识，培养"国族意识"。四大教育的推行有三大方式：学校教育、社会教育和家庭教育。学校教育以青年为对象，分别设立初级平民学校和高级平民学校；社会教育面向一般群众，利用平民学校作为中心组织，通过学员传播和创办《农民周刊》以及图书下乡巡回展等方式扩大教育影响；家庭教育通过家庭单元，形成更加紧密的成员联系，并促使家主会、主妇会、少爷会、闺女会、幼童会等组织形式。

定县实验取得了很好的社会效应和示范作用，并受到了当时国民政府的鼓励和国际组织的援助。晏阳初本人也被西方媒体认为是"现代世界最具革命性贡献的十大名人"之一。就晏阳初先生本人的学习经历和理论框架不难看出他的实践是西方民主科学与中国本土教育的一次结合。由于历史的原因他的基于西方科学思想的实践经验更多地对战后中国台湾产生影响，而并未在祖国大陆取得深远的影响，但是其实践的意义仍然不可估量，亦有学者认为早期的毛泽东也深深受到晏阳初和"平教会"的影响。作为教育家的晏阳初在乡村的实践从教育开始，第一步就是以文艺去愚昧，证明了早期乡建先行者基于"文化教育"先行的思考。

定县实验的局限性在于从现象入手，即中国农民的"愚、贫、弱、私"四大症结，但没有分析四大病症的成因是帝国主义的侵略和西方文化的强势介入，在西方列强进入中国之前，中国古代之学有私塾科举、经济自给自足、中医自我发展、伦理文化占据主导，若无外力介入，保持两千年的稳定政治文化体系可能还会缓慢地继续发展。

2. 东学：梁漱溟和邹平实验（1931—1937年）

国学世家：梁漱溟是20世纪中国最伟大的国学大家，也是自幼生长在京城的官员世家，潜心研究国学、哲学、佛学并投身于乡村实践的爱国民主人士。梁漱溟1893年出生在北京，6岁读中西小学堂，13岁考入顺天中学堂；18岁任《民国报》编辑兼记者，并加入"同盟会"[①]；20岁开始研究佛学，并欲出家；24岁应蔡元培邀请在北京大学任教，教授印度哲学概论、东西文化及其哲学、孔家思想史等课程；1924年，31岁的梁漱溟认为中国的问题"必从复兴农村入手"，开始投身乡村建设，同年离开北大，应熊十力邀请并一同前往山东菏泽任省立第六中学高中部主任，并于次年返京，在京各处讲学。1929年考察了江苏、河北、山西等地的村政实验后，在河南辉县筹办村治学院，并担任《村治》

---

① 中国同盟会，亦为中国革命同盟会。是中国清朝末年，由孙中山领导和组织的一个统一的全国性资产阶级革命政党。

主编；1931年在山东国民政府主席韩复榘的支持下前往山东邹平创办乡村建设研究院，并于1937年出版《乡村建设理论》一书，同年受到中日战争影响邹平实验结束。邹平实验尽管仅仅持续了7年，但是对中国的乡村建设产生了深远的影响，甚至海外地区，例如韩国、新加坡等东南亚地区。近年来，随着传统文化的传承越来越受到国家和社会的关注，关于梁漱溟先生理论和方法的系统研究也越来越深刻，形成了大量的理论文献。①

乡村建设理论着力于以"文化复兴"为目标、以"农业引发工业"为策略，以重新构造"乡村组织"为方法，实现"乡村的自救"。梁漱溟的乡村建设理论以"新儒学"思想为文化基础，通过对农民教育，组织培养"乡学村学"人才，进行乡村治理和建设。他提出"乡农学校"的概念，将其定义为政、教、养、卫于一体的基层社会组织，这些组织以校董为乡村领袖，以教员为骨干，以乡民（学生）为主体。这种学校不仅仅是"学"，而是一种社会组织，用以取代已经破坏的乡村伦理秩序。在乡农学校中，只有教员是外来的，其他都是本地的，教员的教化将乡村的领袖与民众紧密地联系在一起。梁漱溟认为"乡农学校"不同于晏阳初的"平教会"，指出"北方的平民学校（指平教会）却能注重农民，可是又忽略了领袖"②，并没有在施教者和乡民之间建立有机的联系，使之成为乡村建设的力量。

邹平实验在减少文盲、环境治理、农业生产、卫生保健和民兵自卫等方面都取得了一定的成绩，在一定范围内实现了乡村的"自治"或者自我复兴。邹平实验利用"文化复兴"，重新建构社会组织和秩序来进项乡村建设，是基于对中国本土文化和特点的深刻理解和研究。强调通过乡村自力解决乡村的问题："乡村问题的解决，一定要靠乡村里的人；如果乡村里的人自己不动，等待人家来替他解决问题，是没这回事情的。"其实验的关键点在于"教员"作为乡村组织的一部分融入乡村，而不是办完学就走；而校董和学员全部由"乡人"构成，从而实现自食其力。这种方式是对传统中国士绅乡村治理、长辈族长主持，或者能人强人带头的乡村发展机制的改良与重组，这种方法符合中国传统儒家伦理文化的特点。邹平实验的问题在于后期"形式"过于"效果"，成了乡村研究的标本，这一现象的出现实际是小文化圈里的改革与大文化背景的失调所致。

邹平实验的局限性在于没有看到和解决当时中国乡村最本质的问题，也就是地主与农民阶级对立的问题。乡村建设研究院相当于是一个行政管理机构，仍然以乡绅、地主作为实际上的管理者，因此，邹平实验不是一种彻底的、真正意义上的革命（表1-2）。

---

① 关于梁漱溟理论的研究产生了数百篇硕博士毕业论文，例如：2011年5月，中南大学哲学系博士生周祥林《梁漱溟乡村建设伦理思想与实践研究》；2012年5月，南开大学政治学博士生崔慧珠《梁漱溟乡村建设运动及其争议研究》等，直接出现梁漱溟名字的论文主题就高达150余篇。

② 梁漱溟. 乡村建设理论 [M]. 上海：上海人民出版社，2011：197-199.

比较项		晏阳初	梁漱溟
1. 家庭背景		父亲是乡村私塾教师	父亲是晚清官员、学者
2. 成长经历	6-13 岁	四川巴中县私塾读书	北京中西小学、公立小学
	13-16 岁	教会西式学校，入基督教	北京顺天中学堂
	17-25 岁	成都华美高等学府	加入同盟会，民国报编辑
	25-30 岁	美国耶鲁大学、普林斯顿大学进修政治经济学，中途间接参加了一战	北京大学任教、研究东西方哲学、印度佛学，几度欲出家，但最终信仰新儒学
	30 岁以后	推行平民教育，进入乡村开展四大教育实践	推行文化复兴的乡村建设理论，重建乡村组织结构
3. 宗教信仰		基督教	几欲入佛教，最终成新儒家
4. 实践地点		河北定县	山东邹平
5. 实践方法		平民学校	乡农学校
6. 实践内容		文艺、生计、卫生、公民	"政、教、养、卫"一体
7. 实践方法		学校、社会、家庭	村学乡学教化
8. 实践效果		文盲减少、农业改良、疾病减少、合作社效果一般	教育提高、防卫提升、交通改善、合作社效果明显
9. 外界定性		新派	旧派
10. 历史影响		中国台湾平民教育、社区营造	新儒家治国（韩国等）

两人价值观、乡村实践方法的异同之处

观念区别	西方教育思想为主导	东方教育思想为主导
	重视外力的作用——教育	重视内部的作用——组织
	强调人人平等、平民权益	强调伦理秩序、社会结构
	目标是形成西方民主社会	目标是实现东方文化复兴
共同之处	1. 认为"文化问题"是国家衰亡的根源 2. 认为农业发展是国家发展的根本 3. 乡村建设的第一步都是对农民进行文化教育 4. 两人都很注重国民的素质教育和卫生健康	
局限性	梁漱溟认为：晏阳初没有注重农民与领袖的关系，即中国的伦理关系本书认为：晏的方式基于外部施教的策略，没有从农民本体的需要去解决社会矛盾	梁漱溟在邹平实验中仍然寄望于地主阶级的改良，没有认识到地主和农民之间的阶级斗争，其乡建学院更带有行政管理的色彩

（来源：笔者自制）

说明：

1）关于晏阳初、梁漱溟的研究很多，本文侧重于文化研究，而每个人的文化观念和其成长过程密切相关，所以本书尝试以二人的成长求学经历作为研究对比的对象。

2）同一时期还有很多其他研究者进行乡村实践研究，本书认为晏梁二人在学术上，文化背景的差异性，能够很好地说明当时中西学救国的方法和实践。

3. 民国时期的乡村

民国时期虽然只有38年，但却是一个动荡、战乱的时期，国民经济受到很大的创伤，因此，在相比城市更加困难的乡村中，实际上人们并无暇顾及乡村风貌的问题，晏阳初、梁漱溟等大批乡村实践者对于乡村的建设更主要的是普及教育、发展经济、提升国民素质等，所谓建设，更多是基于思想和政治上的。

1927年南京国民政府成立，结束了混乱的军阀格局，推行经济改革，加之西方国家经济危机，国内取得了10年宝贵的发展期，也才有了晏、梁等人的乡土实践。在城市方面，1929年国民政府颁布了"首都计划"和"上海市中心区域计划"，推动了民国时期城市建筑的发展，杨廷宝、童寯、吕彦直、陈植等优秀建筑师开始了关于中国建筑到底何去何从的历史性研究，同时也造就了大量的民国时期的建筑。尽管民国风格建筑[①]在南京、上海、武汉、重庆、广州等大都市大量出现，但在乡村并不普及，大多呈现出零星分布的状态，多出现在南京、武汉、重庆、广州等大都市周边的经济较好的乡村里，以及一些受到战乱侵袭不多而又相对富庶之地。例如位于上海市沔青村的主席故居、苏州市锦溪祝家甸村的小会堂等，这些建筑小而分散，并未对乡村风貌有大的影响。不过在有些乡村由于地理交通的原因，形成了一些较集中的商业街道，比如福建省永春县的五里街镇的民国商业街，对乡村风貌有了一定的影响。值得一提的是钢筋混凝土建造的开平碉楼，大量兴建于20世纪二三十年代，是当时华侨文化和财富的物质体现，形成了马降龙村落、自力村碉楼群等特殊历史风貌。尽管如此，中国绝大部分乡村处于缓慢的发展中，乡村中零星的建设也都是基于低造价、简单有效的居住房屋，比较简单和质朴，如梁漱溟的邹平乡村建设研究院。

民国时期是近代史上社会发展变革的一个过渡期，在乡村建设发展上也是一个理论储备的时期，这一时期的贡献在于乡村建设先行者们对于乡村文化、乡村经济、乡村人权的关注，而不在于营建的实效。

2.2.3 农民运动和农村文化建设

在从1840到1949年一百多年的战乱与历变当中，最终只有中国共产党取得了中国广大农民的信任，并且广大人民在党的领导下最终取得了人民战争的伟大胜利，建立了中

---

① 民国建筑是中国近代建筑的一个重要组成部分。其主要建筑风格有折中主义、古典主义、传统中国宫殿式、新民族形式、传统民族形式及现代派六种。

华人民共和国。共产党的胜利在于认识到了当时中国农村，或者说中国农民的本质需要，作为农耕文明的民族，农民最渴望的是土地和在这片土地上安居乐业，延续他们的地缘和血缘文化。因此，只有推翻地主阶级，农民自己当家作主，才是中国革命发展的方向。

1. 毛泽东的农民阶级调查研究（1921—1934年）

自1921年成立以来，中国共产党一直心系中国农村问题。1925年12月，毛泽东发表《中国社会各阶级的分析》，对农民的阶级构成做了深刻的分析，指出"中国无产阶级的最广大和最忠实的同盟军是农民"[①]。1926年9月，发表《国民革命与农民运动》，号召同志们"农民问题开始研究起来""到不熟悉的乡村中间去""冒着严寒的风雪，搀着农民的手，问他们痛苦些什么，问他们要些什么。"1927年3月，毛泽东亲自在湖南农村实地调查研究，并发表《湖南农民运动考察报告》，对乡村人口的经济状况、文化状况做了深刻认真地分析，并总结了"十四件大事"，通过农会、合作社对农民进行组织，通过革命改变和重塑农民的文化价值观念。他指出"中国有百分之九十未受文化教育的人民，这个里面，大多数是农民"，提出了进行"文化运动"的要求。1933年10月，毛泽东发表《怎样分析农村阶级》，分析了当时村民的阶级情况，1934年1月，发表《我们的经济政策》，提出"把土地分配给农民，对农民的生产加以提倡奖励"，促进中国农业生产。

共产党人在经济上、政治上、文化上对广大农民帮扶和教育，坚持走群众路线，使得广大农民获得了全新的先进文化的教育，积极主动地投身到革命斗争当中。

2. 苏维埃共和国的扫盲运动（1931—1934年）

从1931年11月中华苏维埃共和国成立至1934年10月开始长征，中央苏区在短短三年时间里，对农民的文化教育进行了一系列的实践。1931年9月，《湘鄂赣省工农兵苏维埃第一次代表大会文化问题决议案》通过，提出了农村文化建设的目标、指导方针和具体措施。

通过日学、夜学、识字班、读报团、俱乐部等教育方式，苏维埃政府对广大农民进行了卓有成效的扫盲教育，1933年10月，中央文化教育建设大会通过《消除文盲决议案》，决定"以乡为基本组织，每个乡设立一个消除文盲协会、夜学和识字小组，短期培训班，半日学校等"。1933年11月，毛泽东发表了《才溪乡调查》，深入乡村进

---

① 毛泽东. 毛泽东选集 [M]. 第一卷. 北京：人民出版社，1991：1—21.

行实地调研，特别关注了农村教育问题。到1934年1月中华苏维埃第二次全国代表大会的时候，据江西、福建、粤赣三省的统计，2932个乡中，有补习夜校6462所，学生94517人，有识字组（此项未计福建）32388个，组员133371人。同时，关于儿童的教育，在鄂豫皖苏区的绝大多数地方，儿童入学率高达80%①。上述数据可以看出，立足于农民的中国共产党在苏区进行了非常有效的文化教育工作。当时的教育以"扫盲"为目标，所以文化建设的方向简单清晰，反而今天，文化建设的方式却往往失去了抓手。

2.2.4 战争消耗与文化枯竭

国共乡村的实践在1937年中日战争全面爆发后走向低谷，国民政府支撑的晏梁定县实验和邹平实验完全中断；而共产党经过长征的战略转移，转辗到陕甘宁边区。1937年陕甘宁边区小学545所，学生10396人。冬学600所，学生10000人，②到1940年，冬学达到965所，人数达到21689人。③从这些数据分析：相比之前中央苏区的教育建设显然降低了很多。

抗战期间，中国的文化事业受到了很大的摧残，从整个国家来看，战前108所大学被迫迁移94所，大约13万所学校沦入沦陷区及战区，④东北地区被日本殖民化，近千万的学生失去受教育的机会。在农村地区，国民政府推行"新县制"，1940年3月，国民政府教育部订定《国民教育实施纲要》，在保甲制度的基础上，要求每乡（镇）设立中心学校，每保设国民学校，推行国民教育制度。将行政权力推行到县以下的行政单位。但这种应急性的政策过于强化基层政权的乡、保长的权力，过渡依赖于他们的文化思想水平，以至于各地的文化发展十分不平衡，总体上处于一种挣扎状态。

战争期间对于金钱和粮食的巨大需求继续加剧了农村的贫穷。在老百姓吃不饱饭、生存堪忧的情况下我国农村文化发展也出现了巨大的断层。有学者甚至认为战争之后的中国，文化发展水平尚不及清末。

① 唐志宏，谭继和等. 中华苏维埃共和国史稿 [M]. 四川：成都出版社，1993：403-415.
② 李良志，王树萌，秦英君. 中国新民主革命通史 [M]. 第七卷. 上海：人民出版社，2001：81-82.
③ 李良志，李隆基. 中国新民主革命通史 [M]. 第九卷. 上海：人民出版社，2001：255-256.
④ 延安时事问题研究所. 抗战中的中国教育 [M]. 上海：人民出版社，1961：59-60.

2.3　中华人民共和国成立后的新农村

1949年，中华人民共和国成立，面对战后百废待兴的局面，全国各地开始了社会主义农村文化和新农村建设。中共中央自中华人民共和国成立以来，长期对"三农"①问题给予高度重视，农村、农民、农业体现了经济的概念，乡村经济在国民经济中也代表着农业。换言之，在中华人民共和国成立以来的很长一段时间里，我国乡村建设是以经济发展为主线，是以解决"三农"问题为手段的。特别是1978年改革开放以后，施行家庭联产承包责任制，2008年，浙江省吉安县首次提出了"美丽乡村"计划，随后，各地区纷纷开始制定美丽乡村计划。2013年，中央城镇化会议也正式采纳了"美丽乡村"的提法，至此，乡村建设开始了从"农"到"美"的重大转变。因此，本节主要研究1949~2008年60年间中国农村的发展变化。

2.3.1　百废待兴（1949—1978年）

中华人民共和国成立初期，多年的战乱和斗争留给新中国乡村的是贫困的国民经济、知识欠缺的农民和建设上的百废待兴。新中国高度重视农业发展，加强农村建设，这些建设同样要先从文化建设入手，对农村文化进行新民主主义改造，即社会主义新农村文化建设。

在开始研究社会主义新农村文化建设之前，还必须提到中国乡村文化史上一个非常重要的学者——费孝通，作为社会学家，他长期扎根乡村，对我国20世纪40年代的乡村社会进行了深入透彻地观察和研究，留下了《乡土中国》等宝贵的学术文献，即便在今天的乡村文化研究中，同样发挥着重要的作用。

---

① 三农指农业、农村、农民。农业问题是农村经济问题，是国民经济的命脉；农村问题是改善农村生活环境、加强农村地区建设的问题；农民问题是指提高农民文化素质，加强文化教育。

1. 费孝通：乡土中国与乡土重建

费孝通[①]对我国乡村做了深刻的调研，并于1947、1948年出版了两部重要的乡村文化论著《乡土中国》和《乡土重建》，前者深刻地分析了民国时期中国人的乡土文化特点，后者提出了关于乡土文化修复、乡村自救的方法和策略。两部书对乡土文化、农村改革有着很深刻的指导意义，遗憾的是1957年，47岁的费孝通被打成右派，此后30余年未有学术著作问世。

《乡土中国》主要是"追究中国乡村社会的特点"[②]，阐述了中国人的"乡土本色"，提出中国伦理文化中以"己"为中心，向外一圈一圈"差序格局"的社会关系，指出了中国乡村社会的"礼治秩序"，分析了乡土文化的血缘和地缘关系，并得出了中国的乡村是"熟人社会"的概念。乡土中国准确地把握了东方伦理文化的价值观、处事原则和思维逻辑，即便是在现代化的今天，仍然有相当重要的启迪意义。

《乡土重建》一书提出了他关于乡村文化发展和乡村自救的一些观点和策略。书中首先提出当时"社会变迁中的文化结症"是根本问题，分析了城乡发展的相成关系，预见了封建社会解体后，地主阶层与农民阶层的发展，并最终提出通过"乡土工业"[③]来解决乡村的问题。乡土重建的核心在于乡土文化的重构，以乡土工业作为手段，通过自力更生实现乡村的自救。

由于抗战内战、政治运动等各种历史原因。费孝通先生未能直接参与到乡村建设中，而是认真地观察乡村、研究乡村，他认为民国时期的乡村建设运动只是普及文字，学习知识，而不是真正的乡土文化重构，至少还没有发展到乡土文化重构的阶段。

[①]　费孝通（1910—2005年），字彝江，祖籍江苏吴江。1938年获得伦敦大学哲学博士并毅然回国报效抗日战争中的祖国，先后在云南大学、西南联合大学、清华大学任教。中华人民共和国成立后担任民族大学副院长、教授，并且参加中国人民政治协商会议第一届全体会议。第七、八届全国人民代表大会常务委员会副委员长，中国人民政治协商会议第六届全国委员会副主席。著有《江村经济》《乡土中国》《乡土重建》等乡村建设理论著作。与晏梁不同，费孝通是一位研究者，通过大量的实地调研进行归纳总结，有学者认为他也是民国时期的研究者，但本书将他列为新中国时期，主要基于4点原因：他的对乡村文化的著作出版于1947~1948年，其主要影响也必然出现于1949年以后；他1938年回国，此时正值抗战激烈期间，晏梁的乡村实践都已被迫中断；费孝通对当时乡对村文化的基础研究，有助于理解中华人民共和国成立后的各种文化运动；中华人民共和国成立以后费孝通作为民盟主席，多次参政议政，还担任过人大副委员长、中科院学部委员等职务。而中华人民共和国成立前他是一名大学教授，研究者并无参政经历。

[②]　费孝通. 乡土中国［M］. 北京：北京出版社，2004：1-2.

[③]　费孝通. 乡土重建［M］. 长沙：岳麓书社，2012：99-100.
　　本人理解：乡村工业的概念区别于"大工业""都市工业"，例如福特汽车。费孝通提出的"乡土工业"是指分散的、家庭式的，和农业相关或者手工业进化改良的小工业。

2. 改革开放以前

中华人民共和国成立以后，出台了一系列的方针政策，开始进行社会主义新农村文化建设，对农民进行教育，对农村社会进行社会主义改造。这个过程为后来的社会主义新农村建设奠定了良好的文化基础，但同时也产生了一些问题和影响。

首先，提升了农民的政治觉悟和思想认识。革命胜利以后，原有乡土社会中的地主阶层被消除，只剩下了农民阶层。地主老财被打倒了，胜利后的农民往往不知道下一步该做什么。出现了"革命成功论"和"李四喜思想"[①]，李四喜是一个以湖南某农村干部为原型的农民，所谓四喜，是指解放、分田、娶妻、生子四喜，可是经历四喜之后，他说"我一生受苦没得田，现在分了田，我已经心满意足了，还要干革命干什么呢？"这种思想在当时的农民群众中非常普遍，很多农民胜利以后就只想着老婆孩子热炕头，而失去了建设国家和自我进步的斗志。社会主义的农村文化建设改变了这些思想，最终让像李四喜一样的农民再次积极地投身于祖国建设、民主政治当中。

其次，提升了农民的集体主义精神和合作精神。在旧社会，地主阶层虽然长期压迫和剥削农民，但也在一定程度上起到了农村生产的组织和管理作用。没有了统治者，农民翻身做了主人，在农业生产上形成了各自为政的小农经济。社会主义农村文化建设通过加强集体主义精神的教育，采取互助组、初级社、高级社的组织形式，让农民形成基层组织，形成团结合作的工作模式。这些合作社在1958年发展升级为人民合作社，提高了农业生产，同时也使得农民有了集体意识，形成了团结互助的团体。

再次，普及文化教育、扫除文盲，进行科学技术教育。社会主义农村文化建设很重大的贡献在于在广大农村地区大幅度地扫除了文盲。1950年国务院颁布《关于开展农民业余教育的指示》，鼓励全国各地在农闲时期开展文化学习，1956年国务院发布《关于扫除文盲的决定》，提出7年内扫除70%的文盲。除了大力进行扫盲工作，政府还加大对农民的科学技术教育，教会农民正确使用农药、化肥等技术，普及育苗、植保等知识，促进了农业的增产。

最后，社会主义新农村文化教育也产生了一些问题。尽管取得了很多举世瞩目的成绩，但是社会主义新农村文化教育也存在一些问题。其中最严重的问题就是形成了和过去传统文化的断裂。尽管毛泽东主席多次提到"古为今用"的主张，提出"清理古代文化的发展过程，剔除其封建性的糟粕，吸收其民主性的精华，是发展民族新文化、提高

[①] 熊培云. 一个村庄里的中国 [M]. 北京：新星出版社，2011：62-67.

民族自信心的必要条件"①的主张。但是抗战胜利后，由于对领袖的狂热崇拜，造成了对旧文化的矫枉过正。特别是1966年"文革"爆发以后，"破四旧"②"扫除封建余孽"等全国运动造成了对我国传统文化的全盘否定，形成了非物质文化的断层，同时这一时期全国乡村的很多物质文化遗产也遭受了很大的破坏。

3. 农民安置点与公社建筑

受国民经济状况和新思潮的影响，这一时期的乡村建筑主要特征是经济实用，在20世纪五六十年代造就了全国大量的"最简化"民居，特别是东北、华北地区受战乱影响比较大的地区，为了解决战后大量农民的安居问题，兴建了一些行列式的新民居，这些房屋大多采用砖混结构，外表面裸露砖本貌或者刷涂料，屋顶采用机制瓦或者平屋顶，几乎没有任何装饰。这些民居构成了当时最为朴素的乡村建筑风貌，各地区存在一些差异化，比如西北用土、江南用空斗砖加白色涂料等，但在一个区域内，建筑房屋差异化不大，同一地区的乡村几乎都是一个样子。

为了农村文化教育，提高村民生活质量，这一时期也兴建了一些公共建筑，主要包括小学、人民公社、供销社、文化站、粮仓粮库等公共建筑。这些房屋相对民居而言体量略大，质量也略好，有些出现一些简单的装饰和造型，有些出现了一些俄式风格、类似简化版的民国建筑风格的房屋。但是这些房屋在每个乡村中分布很少，大多数自然村没有或者仅有一两处，对乡村风貌的总体风格影响不大，但公共建筑的西洋化，为以后村民对舶来文化的自由选择埋下了伏笔。

这一时期的建筑虽然简单，但是由于当时认真质朴的社会风气，建筑的质量往往比较好，甚至优于八九十年代的建筑。看得出主立面往往进行了比较认真的设计，很多花纹、刻字和图示也显示出当时人们的文化与精神追求。在公共建筑的艺术价值追求上显示出一种与过去对立或者割裂的态度，表现出西化或者中西文化杂糅的状态。

从图1-19～图1-22这组中华人民共和国成立后的乡村建筑形态中可以看出当时的乡村经济条件十分有限，这些公共建筑基本上只是一个简易的民房加上一个相对体面的"立面"，这个立面就是朝向主街或公共空间的一面墙或者一部分墙，但是往往会精雕细琢，将有限的资金用在刀刃上。从那些水泥线脚、浮雕做法的字和装饰中我们可以感受到当时的工匠对于这个房子的深厚感情，那些精准的五角星和心思细腻的装饰纹路，

---

① 毛泽东. 毛泽东选集［M］. 北京：人民出版社、解放军出版社（重印），1991：662-711.
② 指破除旧思想、旧文化、旧风俗、旧习惯。1966年6月1日，《人民日报》发表社论，号召群众起来"横扫一切牛鬼蛇神"，并提出"破四旧"的说法。

显示了当时乡村中人贫穷并快乐着的积极心态。

图1-19　江苏祝家甸村的礼堂和祖庙
（来源：笔者自摄）

图1-20　福建中复村的供销社建筑
（来源：笔者自摄）

图1-21　安徽昌溪村的老建筑
（来源：笔者自摄）

图1-22　上海市沔青村原人民政府
（来源：笔者自摄）

4. 时代的缩影——大寨村

　　大寨村于1946年成立了互助组，1953年办起了农业生产合作社，治山治水，在"七沟八梁一面坡"修成了高产绵田。1958年又率先成立了人民公社。但1963年的一场自然灾害让十年心血付诸东流，然而大寨村村民没有气馁，在陈永贵的带领下开始重建家园。1964年毛泽东发起农业学大寨的号召，使得这个百余户人的小村庄变得全国家喻户晓。当时（2月10日）人民日报整版刊登了大寨村事迹，大寨村人民在党的领导下，让荒山变成了良田，并运用"三深"种植法和"秸秆还田"的方式大幅提高粮食总量，使之成为全国人民学习的榜样。

　　大寨村的复兴是社会主义、集体主义文化在乡村中的实践，通过陈永贵，以及后来的郭凤莲，这些先进共产党员的带动，引导农民走向致富之路。在乡村风貌上，过去的大寨村是典型的窑洞风貌，在改革开放之后，两层的民居也开始大量增加。大寨村是集体主义文化在乡村建设中的集中体现，其建筑形态也很具备集体主义建筑的特征，整齐统一而不乏对生活热情的精致，这一时代虽然穷，但是乡村建筑却不乏对细节和生活的追求。反观近年来新造的建筑精细程度和地缘特征却不尽人意。显然，现在的财富远胜于当时，可是房屋质量和设计却不如从前，这点值得我们进行更加深刻的思考（图1-23、图1-24）。

图1-23　大寨村的原有建筑
（来源：笔者自摄）

图1-24　大寨村周边的新建筑
（来源：笔者自摄）

2.3.2　改革开放与文化堕距（1978年至今）

1978年12月十一届三中全会提出对内改革、对外开放的政策。首先开始农村经济改革，在安徽省凤阳县小岗村实行"分田到户，自负盈亏"的家庭联产承包责任制，拉开中国农村发展建设新的历史篇章。同时改革开放再次把海外的一些先进文化引入中国，社会主义新农村文化也受到了一定的冲击。

1. 改革开放以后

1979年十一届四中全会通过《关于加快农业发展若干问题的决定》，允许农民在国家统一计划指导下，因时因地制宜，保障他们的经营自主权，发挥他们的生产积极性。1980年中共中央发布《关于进一步加强和完善农业生产责任制的几个问题》，肯定了包产到户的社会主义性质。1982年中共中央转发《全国农村工作会议纪要》，确立家庭联产承包责任制，1983年初，家庭联产承包责任制在全国范围内全面推广。农村的改革迅速扭转了过去大锅饭、干多干少一个样的局面，农民积极性随之增加，农业生产取得了很大的发展。**良好的经济基础为乡村文化发展提供了财力保障。**

另一方面，经济特区、口岸城市经济开发区迅速发展，吸引外商投资，加快国际贸易发展，随着经济交互活动的增加，西方文明再次对中国文化产生了较大的冲击。由于经济地位的不平等，崇洋媚外、本土文化贬低的思想普遍出现，表现为城市中大量出现"欧陆风"建筑与乡村中的小洋楼。这些"西式"的建筑被认为是代表现代文明的或者是现代化的象征。在这样的大文化氛围下，一些先富起来的乡村文化发展也出现了变异的价值倾向，获得一定财富的农民开始最求高大奇特的建筑，一时间各类风格的建筑都开始出现在乡村中，形成了风貌混杂的乡村风貌。①而白瓷砖、蓝玻璃也成了小康民居的普遍形象。由于30年"时空压缩"的发展，城乡二元结构中劣势的地位，农村人富起来以后极力摆脱过去的旧貌或形象，模仿国外特色、模仿城市建设，体现了对自身乡土文化的否定和厌倦，表现为**过快的经济发展与农村文化滞后带来的乡村问题**（图1-25、图1-26）。

图1-25　上海革新村的"西洋"联排别墅　　　　　图1-26　广东大田村村委会
　　　　　（来源：笔者自摄）　　　　　　　　　　　　（来源：笔者自摄）

2. 文化堕距和华西村现象

文化堕距由美国社会学家威廉·菲尔丁·奥格本提出，指"当物质条件变迁时，适应文化也要发生相应的变化，但适应文化与物质文化的变迁并不是同步的，存在滞后，称为文化滞后，或者文化堕距。"②改革开放以后，我国农村的经济迅速复苏，特别是以工业为主的乡镇企业蓬勃发展以后，出现了很多全国第一甚至全球第一的工业企业，比如当年梁漱溟先生进行乡村建设的山东邹平县，下辖魏桥镇，便拥有全球最大的纺织企业——魏桥创业集团，已经成为世界五百强企业。然而乡村富有之后，相应的乡村风貌并未向着良性的方向改善，甚至出现了一些审美取向的变异，这便是文化堕距造成的问题，其中比较典型的如江苏省江阴市的华西村、杭州萧山地区的屋顶加钢球。

---

① 本文第二篇1.3.4节对此类乡村风貌进行了调研研究。

② 奥格本. 社会变迁［M］. 王晓毅，陈育国译. 浙江：浙江人民出版社，1989：106-112.

华西村建于1961年，是改革开放之后经济迅猛发展的乡村代表，2010年，华西村的人均收入达8.5万元，是同期上海市城市居民家庭人均收入的2.5倍。富裕起来的华西村开始追求多种"第一"，不仅如此，还在村里兴建了98米的"华西金塔"，里面各种纯金装饰，兴建了大量宝塔型的高层和大量简单复制的小洋楼。在乡村周边还1∶1复制了我国故宫、美国白宫、法国凯旋门等世界知名建筑。这些做法显示出村民在经济暴富之后价值观念的变化，渴望通过黄金、高楼、别墅小区来表达自豪感，但同时显示出审美方向上的积累匮乏。华西村现象在全国很多乡村里都出现了，例如深圳的一些近郊社区、杭州萧山机场高速沿线的一些村庄等。这些共和国第一批富起来的乡村大量地修建高层、兴建别墅小区、复制欧美建筑，这些行为表达了富裕起来的乡村渴望赶超城市，认为盖高楼、住洋房，是富有和现代化的表现。而大量地复制西方建筑，表达了对西方文明的憧憬，也显示了本土文化的衰微和不自信（图1-27、图1-28）。

图1-27 江苏华西村夸张的建筑风貌
（来源：笔者自摄）

图1-28 被高层淹没的南岭村
（来源：笔者自摄）

2.3.3 迁村并点与农民上楼（1990年至今）

20世纪90年代开始，我国进入新农村快速建设时期。这一时期很多农村有了"翻天覆地"的变化。中央提出经济上城市开始反哺乡村，政策上国家给予乡村更多的关注，各级政府获得的政策资金、社会资本也不断增加，由各地政府主导的新一轮新农村建设悄然开始。

1. 城镇化与迁村并点

随着国家经济发展的不断发展，城镇化过程也快速地推进，在城镇周边出现了人口快速向城市及城市周边、建制镇等区域集聚的现象。面对乡村人口不断稀释、自然村人口稀疏、分散的情况，有些专家和政府管理者提出了"迁村并点"的主张，最先尝试迁村并点的是上海。90年代初期，上海市提出"三集中"①战略，即"农民向集镇集中，农田向农场集中，工业向园区集中"，把分散的自然村向中心村整合，从而形成较大的集镇和较为集中的农场，城市周边土地资源、人口资源进行资源重组，有利于形成一定规模的一、二、三产业，同时降低社会公共服务向分散零星村镇配置的难度。一时间，全国各省市地方政府都开始研究和推出"迁村并点"政策。中央农村工作领导小组副组长陈锡文指出在和平时期，如此大规模村庄撤并运动"古今中外，史无前例"②。

表面上看起来提高效率、整合资源的"迁村并点"政策，实际上是只从管理者立场出发的政策，并没有从"以人为本"或者村民的立场去考虑问题。村民中有多少人愿意放弃生养自己的地方？陈希刚在江苏常熟调研时发现，愿意迁往集中居民点的不足19%，实际选择集中居住点的仅为14.4%。③其实这是个不需要调研就可以想象的问题，试问多少人愿意背井离乡？

从经济角度看，单纯的置换迁村并点也不可能增加土地资源，但能从整合过程中产生土地经济利益，而这些利益也并不归属于被迁走的村民，卖地补偿给农民的不到其中的5%。④再者，从公共服务角度看，解决公共服务的均等性应当从提高公共服务水平的角度出发，而不是放弃一些"可以牺牲"的自然村。最后，从农业生产看，集中居住不

---

① 任春洋，姚威. 关于"迁村并点"的政策分析 [J]. 城市问题，200006（98）：45-48.

② 阿源. 村庄撤并不能缺试错预案 [J]. 瞭望，2010（45）：16.

③ 陈希刚. 从农村居民意愿看"迁村并点"中的利益博弈 [J]. 城市规划学刊，2008（02）（174）：45-48.

④ 黄有丽. 论土地征收与农民权益保障 [J]. 理论界，2010（01）：6-7.

利于农民多样化的农业生产，使农民远离耕地，在假设耕地总量不变的条件下，并不可能大幅提高农业效益反而带来了规模化生产的质量下降。

从文化的角度来看，这项政策产生了很多不可逆转的社会文化问题。首先，"迁村"将很多小的乡村直接抹除，其结果对于这个乡村的风貌是灾难性的，人们将永远失去对这些乡村的记忆，一些具有历史价值的房屋、构筑物也随着乡村的迁并而大量地被毁坏铲平，文化发展在此出现断层，所谓的乡愁无处可依，历史的脉络无从可考；其次，"并点"产生的集中建设的新的居住地不可能同时满足迁入人群的复杂需求，在短而快的建设过程中带来的必定是考虑不足与一些人性化的忽视。来自不同环境的多样人群很难被简单的几套"户型"粗暴地统一，不同文化背景、心理特征、个人诉求的新村民的多样性需求被统一和抹杀，形成了类似城市经济适用房或者廉租房的风貌形态。而人地关系、邻里关系的破坏，也使得乡村文化、风俗传统在新的安置区步履维艰。强迫农民集中居住，已经延续几千年的居住形态将毁于一旦。[①]

迁村并点就好像是西医的移植手术，除了日后的排异反应，单是手术本身就是一场很大的消耗，因此，是否需要做这个手术，选择还是要非常慎重的。这个选择不仅应该由村民自己，更要结合历史学、文化学、人类学、社会学、建筑学、规划学等专家的共同意见，而不是少数人的决策，也不能仅仅是急于脱贫、易被哄骗的村民的意见。从短期效应看，迁村并点一定程度上解决了分散居住土地利用率低、公共服务覆盖不全的问题，但从长远看，农民与土地分离，乡村文化割裂，农民只是暂时过上了廉价临时的"城里生活"。

从风貌角度看，自然生成的乡村是非常合理有机的，在房子之间的院子，缝隙都有其存在的合理性，充满生活的智慧。比如四川的林盘，就是村庄分布在耕地当中形成特有风貌的典型，是农民节约利用土地、尊重生态自然的选择；再如我们在江苏的农业生产地区泗阳县调研，发现郝桥村的农房之间会有很小的角度差，其形成是由于村民要观察自己的田地而形成的。这些乡村智慧一旦被整合，便形成了粗暴的人工化风貌，自然的乡村风貌也就无所依存（图1-29、图1-30）。

2. 土地开发与农民上楼

"农民上楼"是变相的"迁村并点"，有时甚至是只"迁村"，不"并点"。如果将迁村并点比作是移植手术，那么农民上楼便相当于是切除手术。乡村彻底消失，农民只剩下几栋"新"的楼房，土地被拿去做商业开发，从此和农民没有了关系，仅仅换成了

---

① 王善信. 城乡建设用地增减挂钩背景下农民被上楼问题分析 [J]. 战略决策研究, 2010（03）: 90-96.

图1-29　四川地区的林盘航拍图
（来源：温江项目组提供）

图1-30　江苏泗阳郝桥村的民居的小角度
（来源：笔者自摄）

一代人的养老房。农民看似生活水平提高了，却与自己休戚相关的土地割裂了，他们也不会再给中国的历史留下什么印记。然而这个现象村民并不介意，因为年轻人进城了，老年人"免费"住进了楼房，看似都很和谐，长期以来生活条件艰苦的农民有着热切的盼望城市生活的渴望，而住进楼房是看似能满足他们这一心愿的最简单便捷的途径。当然开发商和商业企业也乐此不疲，用低廉的土地和建筑成本让农民上楼，成了很多土地价值较高的乡村文化风貌变迁的常态。

笔者在山东邹平北台村调研发现，全村的村民都同意上楼，而且急盼着上楼，上楼可以改善他们的生活，他们对村里有300年历史的老房子无力修缮也觉得不好用，宁可换成新的楼房，新的楼房位于国道边上，这是唯一的优势和便利性。村里的老房子必须全部推平，"否则国土部门不回收"①。就这样，村民很开心，也许将来有一天会不开心，但至少当下很开心，开发者也很开心，似乎农民上楼表面上让所有的人都很满意：儿女进城打工了，留守老人上楼了，皆大欢喜的背后实际上是给中国的乡村打了一针"安乐死"，同时，这个过程绝对是不可逆的、无法修复的（图1-31、图1-32）！

3. 行列式与多高层廉价住宅

无论是迁村并点还是农民上楼，留给地球表面的大都是集中或者集约的低价住宅。因为无论是政府或者开发商，用于安置房的投入必然是有限的。别人给农民盖房子和农

图1-31　山东北台村迁并必须拆的清代民居
（来源：笔者自摄）

图1-32　河北万字会村的农民社区
（来源：笔者自摄）

---

① 被采访村民这样说，未经相关部门核实。

民自己给自己盖房子一定是有差异的。在中国几千年的历史上恐怕鲜有政府集中建房或者富商代建乡村的史例，一时，低造价似乎成了乡村住宅的代名词，试想中国历代历史文化名村恐怕均与代建、统建或者低造价无关。在这样的模式下，中国乡村建设只能出现庸品，而无精品。规划必定是最为节地简单的行列式，建筑必定是基于几种户型、同一总包、材料集采的运作结果。这种建造方式的结果只能是差异化的消失，至少建造时间是无差异的，而历史上乡村的形成毕竟是日积月累、岁月积淀而成。

　　从图1-33、图1-34中可以看出老村和新村的差别，老村自然多样，新村由于统建原因，显得没有那种自然生长的多样性和丰富性，单一的建筑造型和机械的规划布置，也显得特色不足。目前调研的大多数统建新村无非是这两种状态。

图1-33　北京挂甲峪自然的老村与人工的新村

图1-34　河北观后村与远处建设的新社区

3

反思：绝非朝夕之功

　　我们所面临的乡村文化问题，并非亘古有之，而是近代历史上中国文化受到前所未有之冲击而产生的。直到清代中后期，中国的经济、文化均领先于世界，乡村也在其固有的经济运行和文化发展中保持良性发展。然而清代晚期，特别是随着鸦片的侵蚀、战争的失利、不断地割地赔款，加之各种天灾人祸，中国从一个经济富足、文化昌盛的大国一路衰败成一个一穷二白的国家。就这段历史而言，以外界力量主导的乡村建设从清末民国初期乡村危亡时刻开始，先后经历了思想家、教育家的启蒙时期；政治家、改革家的推动时期；经济家、企业家的开创时期；一直到近年全社会的广泛关注和大批建筑师们介入的活跃时期，整整经历了两百多年的沧桑变化。

　　"乡村建设"①开始的时间有很多观点，当然具体是哪个时间点并不重要。但关于文化脉络研究时限应该追溯到1840年以前的1800年前后。以往乡村建设历史研究大多以1920～1930年代的乡村建设运动前后开始，最早的是1904年，比如在《乡村人类学》一书中，人类学学者认为乡村建设从1904年米氏父子在河北翟城村创办"村志"开始②；而任庆国将乡建历程分为民国建设实验阶段开始的三个阶段③；林涛分为1920—1930年、1950—1970年、1980—2005年和2005年以后四个阶段④；赵霞将乡村文化建设分为近代学者（梁漱溟等）、1921—1978年、改革开放以来三个阶段⑤等。这些研究基本上直接

① 本书同意并采纳"乡村建设"是指乡村以外的力量（人或社会组织）对乡村进行以发展为目的的建设改造活动。乡村的自我更新，村民未经外界主动引导的自建行为不属于乡村建设范畴。因此，自然村落的形成，未经引导的自我更新与发展不属本书研究范畴。

② 徐杰舜，刘冰清. 乡村人类学 [M]. 宁夏：人民出版社，2012：59-60.

③ 任庆国. 我国社会主义新农村建设政策框架研究 [D]. 河北：河北农业大学，2007.

④ 林涛. 浙北乡村集聚化及其聚落空间演进模式研究 [D]. 浙江：浙江大学，2012.

⑤ 赵霞. 乡村文化的秩序转型与价值重建 [D]. 河北：河北师范大学，2012.

从1920年代前后开始，阐述当时我国农村存在的问题和乡建者们的应对思路。

但事实上，中国乡村问题的直接产生原因是"乡村建设"之前近百年间（19世纪）中国文化的巨大断裂和经济的重大打击。我们很难界定具体乡村建设史的起始时间，但提出要认真对待这段非常之变，抛开这段历史，而直接得到当时中国农村"贫、愚、弱、私"的结论是片面的。在这样背景下的研究很容易将中国近代史上的不幸归结于中国文化的不幸，从而对传统文化丧失信心。中国乡村的经济与文化遭受了长期的巨大打击，而后来的救亡过程又是以经济发展为中心的，导致中国文化发展出现了巨大的断层。

这个巨大的断层是用200年的时间造成的，那么在今天，修复需要多少年呢？显然不可能是几年或者几十年能够解决的问题！很多乡村工作者抱怨村民不理解、教育程度低等，但试想一下在过去的两百年里，和城市相比，乡村几乎没有什么教育资源，也几乎鲜有新思想、新技术、新文化的引入，有的只是支援国家、支援城市的自我牺牲壮举。广大的乡村地区长期以来担负着中国经济资本化进程稳定器[1]，是中国现代化的稳定器和蓄水池[2]。"稳定的"乡村长期处于一种"自给自足"或者"自我维系"的状态。

中医云：病来如山倒，病去如抽丝。中国乡村的病痛了百年有余，又怎么可能用几年或者几十年使其康复？很多人期盼乡村一两年大变样，实际上都是不符合生长的自然规律的，带来的更多是浮粉背后更深的伤害。

中国的乡土文化修复，培育符合时代发展的新乡村文化，至少是百年大计，甚至千年大计，需要我们一代人一代人持之以恒地推动，需要每一代人都抱有前人种树后人乘凉的奉献精神，需要正确的认识和平和的心态，只有这样，我们的民族才能走得更远，我们的乡村才能保持健康美丽的发展趋势。

---

① 温铁军. 农村是中国经济资本化进程稳定器［N/OL］. 凤凰网，2011-12-30 http://finance.ifeng.com/opinion/xzsuibi/20111230/5376601.shtml.

② 贺雪峰. 农村：中国现代化的稳定器与蓄水池［J］. 党政干部参考，2011，12（6）：18-19.

第二篇

调查 / 与 / 分析

通过对全国300多个乡村的实地调查以及数百个乡村的资料整理和收集，可以发现当前我国乡村建设过程中的问题相当多，形势也十分严峻。很多有特色的乡村风貌正在消失，很多不适宜的开发建设行为正在进行，这些行为大多是不可逆的，如果不加以引导和修正，将造成很大的损害。

1

调查报告

1.1　调查范围

基于国务院重大咨询课题"村镇文化、特色风貌与绿色建筑研究"、中华人民共和国住房和城乡建设部课题"中国传统建筑风格元素""传统村落村庄志编写组织""全国第一第二届田园建筑优秀实例总结""乡村建筑风貌研究""农房风貌管控研究""农房居住功能提升研究""农房设计技术标准与政策研究"等课题和工作进行乡村选点。并参与了中国工程院、住建部、中国城市规划设计研究院、中国建筑设计研究院、中国科学院地理所、中国环境科学研究院等科研、政府机构组织的调研工作，共计详细调研乡村300余个。

调研并非在全国均匀选点，而是有所侧重，根据选题的研究方向，侧重选择以下类型的乡村：

1）城镇化率比较高的地区，经济发达的超大城市、特大城市、大城市①，2.5小时车程以内的乡村。

2）经济发达地区，所属城市GDP②排名较高的乡村。

---

① 国务院于2014年10月29日以国发〔2014〕51号印发《国务院关于调整城市规模划分标准的通知》，明确了新的城市规模划分标准以城区常住人口为统计口径，将城市划分为五类七档。其中超大城市人口在1000万以上，特大城市人口在500万～1000万，大城市人口在100万～500万，包括Ⅰ型大城市（人口300万～500万）和Ⅱ型大城市（人口100万～300万）。

② 国家统计局公布的城市GDP数据，全国大部分城市的经济运行数据，根据信息汇总，中国城市GDP（经济总量）100强排名，如：2017年排名前10名依次为：上海、北京、广州、深圳、天津、重庆、苏州、武汉、成都、杭州。

3）中国历史文化名村[①]和传统村落[②]。

4）各地方政府评定的省市级美丽乡村[③]。

5）产业发展较好的乡村[④]。

在我国城镇化率提高总体趋势不变的前提下，乡村建设不可能拯救所有的乡村，总的来说一些距离城市较远、环境资源有限的乡村最终还是会慢慢淡出人们的视野，而受城市影响较大的近郊村或者自身文化禀赋、环境风光、特色鲜明的乡村具备良好的发展潜能，这类乡村是调查研究的重点，也是我国当前经济条件下能够重点支撑发展的乡村。

1.2　总体情况

1.2.1　发展不均衡

我国幅员辽阔，地理环境丰富多样，加之各地经济发展水平很不均衡，乡村建设也呈现出多种多样、复杂纷呈的情况。随着区域经济的快速发展和新型城镇化的大力推进，东南沿海地区的乡村、发达城市周边的乡村，建设量与日俱增，形态风貌正在迅速地发生改变。有些乡村甚至已经接近城市的建设水平，道路宽阔、楼宇成林。但有些城中村仍然拥挤杂乱，也有不少城边村成为城市废品处理污染小企业的聚集地，生产、生活环境恶劣；而在经济落后的内陆地区，或者远离城市的偏远地区，乡村空心化、老龄化现象相当严重，很多乡村人去屋空、残垣断壁、破落不堪。面对如此纷繁复杂的乡村建设情况，需要因地制宜、分门别类地调查与研究并制定与之相适应的发展建议。

---

① 由国家住房城乡建设部和国家文物局共同组织评选的，保存文物特别丰富且具有重大历史价值或纪念意义的，能较完整地反映一些历史时期传统风貌和地方民族特色的村。截至2017年已经评选至第六批。

② 由住房城乡建设部、文化部、财政部三部门共同组织评审公示中国传统村落名录，截至2017年已经评选至第四批。

③ 各省市自治区政府组织的本地区美丽乡村评审，如"北京最美的乡村"，由中共北京市委农村工作委员会、北京市农村工作委员会、北京市旅游发展委员会、首都精神文明建设委员会办公室、北京市文化局、北京市园林绿化局共同主办。自2006年开始一年一度评选。

④ 由各地政府、建设系统推荐的产业优秀的乡村。

1.2.2 纷杂不同的表象

回顾我国乡村的建设发展过程，依据现存多数民房的建设年代，大致可以分为三个时期建设的乡村。

一是形成于中华人民共和国成立以前，保存相对完整，破坏不大，颇具原生态的**传统特色的乡村**，例如北京的水峪村、上海的彭渡村。其中一些乡村凭借其风貌特色，通过一定程度的旅游开发，在传统特色或者田园风光、农家生活体验的基础上又形成了**旅游特色的乡村**，例如北京的爨底下村、浙江的乌镇。

二是建设于中华人民共和国成立以后到20世纪末期，为了解决我国大量的农村人口居住问题，在农村人口密集地区建设了大量的乡村，这些乡村从全国范围来看具有一定的地方性，但总体风格简单，特征不显著，形成了大量**无明显特色的一般乡村**，如北京的小堡村、浙江的环溪村。不过随着经济发展，有一些乡村逐步翻新重建，无序生长，形成了**多元混杂的乡村**，如北京的何各庄、广东的松塘村。

三是建设于21世纪初至今，由于新农村建设、迁村并点、灾后重建等原因而形成**统一新建的乡村**，如北京的挂甲峪村、江苏的华西村。这些乡村房屋较新，质量较好，但常常由于标准化设计、行列式的布局，而显得生硬单调。

上述表象特征也并非孤立或一成不变的，存在一定程度的交叉或重叠，比如一些传统特色乡村也会由于无序建设出现多元混杂的特点，一些无特色的一般乡村和统一新建的乡村也会凭借靠近大城市等地理资源发展民俗旅游、农家乐，或凭借其乡土景观资源优势形成旅游特色的乡村（图2-1）。

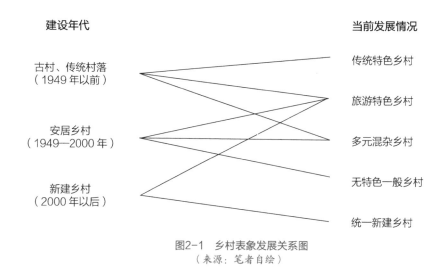

图2-1　乡村表象发展关系图
（来源：笔者自绘）

1.2.3 城市影响差异大

长期以来，以城市为中心的经济增长模式决定了我国规划建设的重心在于城市。城市的发展对于周边的乡村发展产生了很大的促动。实际调研过程中，不难发现经济发达的大中城市周边的乡村发展建设很快，建设量也比较大，社会资金比较容易介入，农民自己也有了一定的经济条件翻新建房；而那些远离城市的乡村，则因为交通不便、经济落后而产生衰落、破败、人去屋空、房屋毁坏的景象，部分只能依靠政府资金维系。

显而易见，距离城市的远近关系对乡村的土地经济价值、乡村的建设量影响很大，基本上呈现出越靠近城市，乡村建设变化加剧，急需有效的控制；越远离城市，乡村趋于衰败，急需关注与保护。因此，依据与城市关系的不同，应予以区别对待。

另外一方面，我国的乡村隶属于乡和镇，乡镇隶属于县，县隶属于城市，再由城市进行相应的管理，因此乡村发展变化情况与所在城市、省份的管理理念和意识有着很大的关系，例如江苏省、浙江省的乡村大多基础设施良好，村容也较好，而一些偏远地区则有待改善。

根据城市中心到乡村的距离，可以把乡村分为城边村、近郊村和远郊村，其定义也很难准确地定义。中国大城市中，除北京、上海两个超级都市的中心点到城区边缘的距离已经达到15～20公里，天津、重庆、广州、杭州等特大城市和大城市的半径为10公里左右。因此本书以10公里作为城市边缘，以半小时车程，约30公里以内为城边村；以60公里，约1小时以内车程为近郊村；其余为远郊村（图2-2）。

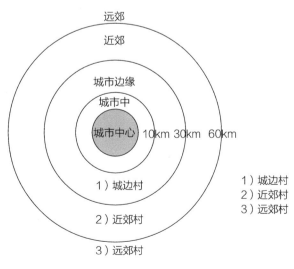

图2-2 城乡距离关系分类图
（来源：笔者自绘）

1.3 类型与问题

1.3.1 原生态的传统特色乡村

　　传统特色乡村是以国家级传统村落为代表的传统特色乡村，是我国传统文化的重要体现，是历史留给我们的宝贵财富。这类乡村分布很广，风貌比较有特色，多数因为地处偏远、发展缓慢而未受人为破坏。截至2014年，列入住建部前几批传统村落名录的仅为2555个，2016年底刚刚达到4153个①，2019年6月20日，第五批传统村落共计2666个，总数将近七千。但事实上由于申报组织、宣传力度等多种原因限制，还有大量的优秀传统村落尚未得到真正有效的保护。

　　这类乡村的主要问题是由于经济落后，青壮村民大多外出务工，老人留守，出现了比较严重的空心化，进而造成许多的房屋被空置弃置。另外，也由于空心化、年轻人出走，使乡村的社会家庭结构解体，文化也随之衰落。而这些老房子历史久远，几经沧桑，一旦失去了屋主的修缮维护，便很快地破落。还有一些环境设施，如古庙、古桥、古井等，也因为生活状态和条件的改变被弃之不用，也在衰败和消失中（图2-3、图2-4、表2-1）。

图2-3　北京市房山区水峪村
（来源：笔者自摄）

图2-4　福建省漳州市下石村
（来源：笔者自摄）

---

① 2012年住房城乡建设部、文化部、财政部将北京水峪村等第一批共646个村落列入中国传统村落名录。2013年第二批915个村落，2014年第三批994个，2016年第四批1602个。

传统特色乡村的情况		表2-1
景观特色	部分传统村落周边环境遭到破坏	
空间格局	大多保持良好	
建筑宅院	年久失修	
人文活动	人去楼空，传统人文风俗后继无人	

1.3.2　多样化的旅游特色乡村

依托绿水青山、田园风光、乡土文化等资源，一些名村古镇、传统村落、有特色的乡村和一些距离发达城市较近的乡村通过旅游产业、周末经济[①]、城市近郊游获得了良好的发展，形成了以休闲度假、旅游观光、养生养老、创意农业、耕作体验、乡村手工艺、民俗风情为主题的新兴支柱产业，呈现出良好的发展态势，但也存在一些问题：

其一是打造过度，品质不高。历史悠久的名村古镇是多少年来一代又一代人智慧的结晶，不是一朝一夕就能打造出来的。在初尝文化遗产带来的可观经济效益之后，很多乡村开始大兴土木，扩大规模，修景点，建商业，在资金和准备不足的情况下忙于建设开发，出现了一些粗制滥造的形象工程，甚至有些地方用涂砖画缝、描梁画柱、涂脂抹粉等手段建造新房子，扩建乡村。这些建设不仅不能改善乡村风貌，反而破坏了村庄的固有格局，使村庄的原真性受到质疑。同时，过度的规模开发，超负荷的接待，也令消费者在拥挤烦躁中无法感怀乡村旅行的放松与惬意，从而不愿再次到访这样的乡村（图2-5、图2-6）。

图2-5　福建水口镇杨村的画梁画柱
（来源：笔者自摄）

图2-6　广东松塘村图画的砖缝
（来源：笔者自摄）

---

① 近郊村通过吸引城市人群周末度假、旅游、生活体验、亲子活动等行为而产生的经济效益。已经在超大城市、特大城市周边初具规模。

其二是拆真建假，破坏性建设的现象依然存在。文物保护、古建修缮、老房改造需要专业的技术、较长的周期，也常常伴随较高的费用。因此很多建设方宁愿将老建筑拆掉，再建新建筑，甚至随意移植其他地域的建筑风格，失去了乡土文化原汁原味的东西。新建仿古建筑，就像假古董，不可能成为文化与乡愁的载体，反而会被品位不断提高的旅游消费者们所诟病不齿。

很多乡村为了发展旅游，在老村子旁边盖一个新村子，然后将村民迁往新村，但新村的设计往往敷衍了事，在老村周边破坏了原来的山水环境和格局（图2-7、图2-8）。

图2-7　福建培田村搬来的徽派住宅
（来源：笔者自摄）

图2-8　上海东南弄村打造的仿古建筑
（来源：笔者自摄）

其三是开发模式过于雷同，有特色的构思与设计不足。乡村旅游发展模式单一化，比较雷同：仿古商业街、酒吧一条街等比比皆是，经营内容也大同小异，缺乏有创意、有主题的规划设计。这些无特色的经营方式不能长期持续地吸引消费者，久而久之，会影响人们对乡村旅游的热情与兴趣。乡村旅游的规划与设计需要更加个性化、精细化、专业化，才能不断提升乡村旅游的价值与品位，从而趋于良性的发展（表2-2）。

旅游特色乡村的情况 表2-2

环境特色	部分村落周边环境遭到破坏、多数得到有效控制
空间格局	大多保持良好
建筑宅院	重形式规模，轻细节，存在拆真建假现象
人文活动	表演多于生活，形式内容往往雷同

1.3.3　无明显特色的一般乡村

在我国华北、东北、东南、中西部地区，有相当的一批乡村，由于历史上的种种原因，历经多次改造，风貌特色已不明显，往往呈现为无特色的一般乡村。这类乡村大多形成于中华人民共和国成立后，比较统一、均质，但空心化、老龄化也比较严重，建筑和空间环境衰落明显，存在的问题较多。

其一，有价值的传统建筑少且破败。这类乡村中有历史价值的老房子很少，即便有也往往没有得到重视和保护，呈现出破败和弃用的状态。多数房屋由于主人已经搬离，长久不再使用并且无人看管呈现出来不同程度的破败，或宅院空置，或腐烂倒塌，从局部的破败逐渐向村庄整体蔓延，致使乡村风貌整体衰败。这些原本可以是乡村点睛之笔的建筑反而没有得到有效的利用（图2-9、图2-10）。

其二，大量民宅无特色且质量较差。这类乡村的大部分民房都是20世纪五六十年代统建的，之后虽经过翻修，但整体风格变化不大，质量一般，民宅院中私搭乱建严重，环境脏乱差（图2-11、图2-12）。

图2-9　山东省邹平县北台村坍塌的老房子
（来源：笔者自摄）

图2-10　河北保定峦头村的老房子破损
（来源：笔者自摄）

图2-11　北京通州小堡村的乱堆乱放
（来源：笔者自摄）

图2-12　北京市平谷区老泉口村的景象
（来源：笔者自摄）

其三，乡村规划布局单调无特色。由于原有规划简单粗放，往往采用简单的行列式布局，标准化宅院，空间缺乏变化，公共配套设施、有质量的公共空间场所缺失，而且其依托的自然景观特色也不明显（图2-13、图2-14、表2-3）。

	无明显特色的一般乡村的情况　　　　　　　　　表2-3
环境景观	部分村落周边环境遭到破坏
空间格局	单调无特色
建筑宅院	房屋质量差，居住环境不佳
人文活动	衰弱甚至消失

图2-13　河北承德的超梁沟村　　　　　　　图2-14　山东省邹平县楼子张村的宽马路
（来源：笔者自摄）　　　　　　　　　　　（来源：笔者自摄）

1.3.4　发展中的多元混杂乡村

随着地方经济的发展和外出务工农民赚钱后的置业要求，不乏有很多乡村，农民在一户一宅的政策支撑下，在老村外围新分的宅基地上新建民宅，这些新民宅一般很少延用原有地域风格，往往模仿城里的方盒子或小洋楼的式样，与传统风貌反差很大，造成了乡村中多元混杂的问题。

其一，新建民宅尺度和风格异变，原有空间格局被破坏。这类乡村中出现许多与原有风貌异质的新民宅。这些民宅多数体量大、层数多，风格迥异，布局随意，导致街巷聚落的空间品质下降，破坏整个乡村经过岁月积淀下来的空间肌理。

例如广东省广州市番禺区大龙街道新水坑村，村里的老房子被周围4到5层、风格各异的小楼包围，街道的宽度没变，两边的民居却高楼耸立，形成村中街巷尺度突变、风貌混杂的现状（图2-15、图2-16）。

其二，**有价值的老房子没有得到有效保护**。此类乡村在发展演变过程中，有历史价值的老建筑缺乏有效的保护和再利用，日渐破败衰落，甚至被遗弃。

其三，**新建或加建的民宅风格混杂**。村民们依据个人的喜好和经济水平建造自己的房屋。有的采用欧式别墅，有的采用花砖蓝玻，更多的比较简陋，只是抹灰墙加塑钢窗，缺乏起码的美感，导致整个乡村风貌杂乱无章、乱象百出（图2-17、图2-18）。

其四，**现有房屋建筑质量低、私搭乱建现象严重**。此类乡村内新建的民房忽视原有地域环境特点、房屋质量较低，在房屋周边村民还占用空地或部分道路私搭乱建，使村落内部空间拥挤不堪（图2-19、图2-20、表2-4）。

发展中的多元混杂乡村的情况 表2-4

环境景观	很少处理或者遭受破坏
空间格局	混乱无秩序、私搭乱建较多
建筑宅院	质量差、参差不齐，居住环境杂乱
人文活动	传统文化逐步衰弱

图2-15　广州市番禺区新水坑村大尺度新居
（来源：笔者自摄）

图2-16　福建泉州福全村杂乱的建筑风貌
（来源：笔者自摄）

图2-17　广东东莞超朗村的混杂风貌
（来源：笔者自摄）

图2-18　浙江杭州市建华村风貌混杂
（来源：笔者自摄）

图2-19　福建省龙岩市中南村的无序建设　　　　图2-20　广东联溪村的低质量的私搭乱建
（来源：笔者自摄）　　　　　　　　　　　　（来源：笔者自摄）

1.3.5　标准化的统一新建乡村

随着我国城镇化的速度不断加快，乡村建设规模也在不断扩大，无论是出于城市扩展开发的需要，还是提升农村生活环境的需求，还是乡村产业发展的布局考虑，大规模的迁村并点成为很普遍的新农村建设模式，也是各地政府大力推广的。这些建设一定程度上带给农民实际的利益和好处，提高了村民的生活品质，但是从乡村文化与风貌的角度，也存在比较普遍的问题。

其一，规划布局简单呆板，空间格局没有特色。 新村大多选址平坦之地，以便于大规模机械化施工。规划布局大多采用行列式，尽管容积率不高，但受宅基地面积限制，密度却比较高，房屋比邻，私密性不佳。街道横平竖直，一眼便可望穿，每条街道空间几乎没有差别，只能通过门牌号码加以区分。这样的社区确实使用效率很高，利益均等，但却忽视了人性关怀，忽视了人们对空间格局的审美意象（图2-21、图2-22）。

其二，新建住宅形式单一，标准化的重复设计。 在统建乡村中，出于所谓公平分配和成本控制的需要，往往只采用一种或屈指可数的几种户型。立面装修也尽量统一样式、统一标准，导致大多数的统一建设乡村建筑形式非常单调，呈现出大量标准化的房屋，这些房屋忽视了农民对于个性化和差异化的需求，也不可能体现个人的审美需求。

其三，旧村老宅夷为平地，乡愁遗迹荡然无存。 根据相关部门或建设单位的要求，被拆迁的老村需要将所有建筑物推倒，然后平整土地，才能成为待开发用地。这些被推倒的房子承载着一村人的乡愁，甚至还有一些非常有价值的历史遗存。

其四，社会关系改变了，影响了乡村特有的邻里关系。 老的村落被拆除，在新的位

图2-21 北京平谷东四道岭村的标准户型
（来源：笔者自摄）

图2-22 海南黎安大墩村居住区
（来源：引自365地产家居网）

置统一建设新的社区，这个过程使村庄原有的乡村熟人社会的邻里关系被打破，交流活动空间、生活方式改变了，这些都必然引起乡村文化的改变。

统一新建乡村是问题很大的一类乡村，但是至今很多地方仍乐此不疲地进行着建设，我们常常谓之"建设性破坏"。乡村是非标准化的，一定要用带有人文关怀的方式去建造，而不是简单的复制。近年来城市推广装配式住宅，也有人提倡在乡村如法炮制，我认为很不可取，如果乡村民居都用标准化的预制装配式住宅，显然又将出现大量单调的统一新建乡村（表2-5）。

标准化的统一建设乡村情况   表2-5

环境景观	根据经济情况、土地情况择地，周边环境不确定
空间格局	单调无特色
建筑宅院	风格单一并且形式选择随意
人文活动	衰弱甚至消失

1.4　城市的影响

乡村与城市的距离很大程度上决定了乡村城镇化的程度，以及乡村的发展状态、发展方向和应对策略的选择。依据与城市市区边界的距离，可以把乡村依次分为城中村、城边村、近郊村和远郊村四类，受城市化影响程度不同，主要的问题也有所不同。城中村可纳入城市体系，本书暂不讨论。

1.4.1 挣扎中的城边村

本书中城边村是指位于城市边缘、距离城市建成区距离30公里以内或者车程半小时左右的乡村。这类乡村与城市关系紧密、交通便利、土地价值比较高，有些甚至已经纳入了城市发展的远期规划当中。城边村地处城乡结合处，是人们感受乡村、接触乡村最便利的地方，一定程度地保留和保护有特色的城边村，是保持城市山水格局，让城市居民记得住乡愁的重要途径。

其一，**城市开发和产业发展直接改变城边村**。我国城市建设日新月异，发展迅速，城市周围很快被城市新区所覆盖。发达城市周边新的居住区、开发区、工业区、高新区大量建设，正在取代和包围着城边村。与此同时，凭借优越的地理位置、充足的创业就业机会，富起来的城边村也开始不断地自我建设，导致城边村的空间格局和风貌都在不断地发展变化。

其二，**吸纳城市配套产业和外来人口造成无序的膨胀**。在城市外扩过程中，城边村吸纳了大量的城市配套产业和服务功能，与之相伴的是大量的外来人口，亟需低成本的容纳空间。促使低成本的快速建设，甚至违规的私搭乱建大行其道，造成了城市周边无序的膨胀。

其三，**小产权交易及农家乐等商业活动骤增引发形成多元混杂**。城边村一方面因为土地价值高，受到开发商、投资者的垂青；另一方面，村民自己也抓住商机，搞农家乐、乡村公寓。由于建设主体多样、品位不一、城乡多元，因此在不同的目的、不同审美的作用下形成了多元混杂的乡村特征。而由于开发的无序控制，这一带的城市风貌亦很杂乱，长期处于犬牙交错的混搭状态。

其四，**城市外扩大量修路建房导致有一定乡愁价值的人文景观消失**。随着城边村建设量的增加，施工过程中，一些重要的景观要素被拆毁，比如大树、凉亭、牌楼，甚至于祠堂古庙。这些元素是乡愁最重要的依托，一旦破坏，将是不可扭转、无法还原的。城边村的环境风貌、内部景观都面临着城市外扩的重大影响。

1.4.2 彷徨中的近郊村

近郊村是指距离城市比较近，大约在20到50公里范围内，或者车程在一两个小时左右的乡村。这类乡村与城市距离适中，多数保留着较好的乡村气息，是乡村周末游、乡村生活体验、乡村产品供给的理想位置。近郊村数量多，分布广，承载着多数人对乡村的理解和认知，是乡村建设研究的重点类型。

其一，**依赖城市发展，受城市的影响很大**。近郊村地理位置相对优越，可以依托不同的城市资源，而根据自身的客观条件不同，可以发展乡村旅游、种植养殖、制造加工、物流仓储等多种业态模式。获利后的村民、村集体面对新房建设，要么模仿城市的花园洋房，要么照搬外来风格，往往表现出急切改变原有风貌，建新弃旧，甚至出现竞相炫富、攀比的心态。

其二，**规划控制不覆盖，近郊村在转型发展中比较盲目、无序**。近郊村镇的土地价值比较高，成为城市职能外迁的主要区域，快速的城市发展和项目的多元性造成乡村格局迅速改变，风貌多种多样，发展混乱无序。

1.4.3 喘息中的远郊村

远郊村是指距离城市比较远，大约在50公里以上，或者从相邻市区车程两三个小时以上才能到达的乡村。这类乡村受城市开发的影响比较小，基本保持乡土的原有风貌，但是也往往因为经济落后，空心化、老龄化现象比较严重，乡村处于衰败的过程中。

其一，**资金匮乏，无钱保护修缮，使得乡村破落**。大量的远郊村目前都无法摆脱经济落后的状态，缺乏修缮房屋的资金。而村民也多数外出务工，村中房屋空置较多，长期无人居住，房屋由于没人照管、没钱修缮而渐渐破落，呈现出萧条、破败的景象。

其二，**乡村缺乏规划管理，村民回乡建房没有指引**。远郊村往往缺乏有力的规划指导和监管措施，少量村民致富以后返乡建房大多根据自己的价值观念、审美取向，选择个人喜欢的形式建房。往往把在外乡所见的，觉得可以代表自己富贵发达形象的建筑照搬回乡，造成建设发展混乱。

其三，**乡村公共服务设施和人力不足，乡村文化保持和传承困难**。远郊村大多超出城市公共服务半径，自身的公共服务设施又往往建设不足。同时，由于青壮年多外出打工，富裕后再将家人亲属接到城镇享受便利的城镇生活，以致空心化严重，缺乏人力资源，因此乡村文化无人继承，风俗传统也失去了群众基础，文化传承十分困难。

其四，**村庄缺乏基本的市政设施，生活环境和防灾能力差**。远郊乡村大多建设较早，防灾能力薄弱，很难抵御地质自然灾害。同时大量的民宅建设较早，已经远超使用年限，继续居住存在一定的安全隐患。这些无法保证安全居住的偏远乡村应首先考虑防灾和安全问题，再考虑发展问题。

2

问题剖析

　　我国乡村数量庞大，问题复杂，建设发展参差不齐，建设现状大相径庭。不可能用简单统一的方式进行描述，更不能用单一思路分析与研究。应该因地制宜，具体问题具体分析，才能有的放矢地找到行之有效的解决方法。

　　总得来看，风貌良好且具有特色的乡村不多，但随着全社会对乡村的关注，大多数乡村的宜居性有了很大提升，笔者在所到乡村与村民聊天时发现，他们对于现有生活的满意度还是比较高的。通过对各种现状问题的成因分析和总结、调查及采访、观察和研究，可以发现当前乡村建设不佳的原因可以概括归纳为四个方面的原因：**经济失衡、文化失序、管理失准、技术失当**。

2.1　经济发展失衡

　　纵观中国历史上文化名村的形成过程，不难发现这些名村的促成都和一个时期经济繁荣、财力丰厚有着重要的关系。归纳第一至第二批历史文化名村的成因，主要有三种：富商返乡、官仕归田、地处水陆要冲。这三个成因实际上带给乡村的是经济上的财力物力和文化上的品位提升。调研当代的乡村，不同的经济条件，很大程度上影响了乡村的现状。

2.1.1　落后导致破败

　　尽管我国农村经济已经有了很大发展，但受到长期城乡二元结构影响，乡村经济总体上比较落后，经济落后影响到乡村建设主要有两点：一是农民收入低，无力翻修自宅，而集体经济能力差也使乡村整体环境的整治和更新迟滞，导致老房子或传统民居破败，重要景观元素无力维护等。另一点是为了发展经济随意引入一些低成本的、城市排斥的产业，这些产业技术水平低、污染严重，更加速了乡村环境的破败，人居环境自然也无法改善。

2.1.2 繁荣导致乱象

尽管总体经济落后，但也有一些乡村有了一定的经济基础，比如江苏华西村的人均收入高出上海十几倍，此类乡村的村民有能力对自己的房屋进行改造或新建。在这样的过程中，攀比和模仿是乡村建设的基本状态，出现了一些夸张的建筑形态。当然，历史上经常出现类似的现象，关键在于有效的引导。同时，由于周末经济、乡村旅游、农家乐等产业迅速发展，刺激并形成发展了很多以吸引旅游消费的乡村风貌，这些乡村为了迎合旅游发展，出现了一些布景化、装扮化的景象。

2.1.3 支援导致统建

近年来，迁村并点、灾后重建、地产介入、专项发展基金、专项旅游规划资金，这些运营模式和专项资金的介入，使得很多乡村获得了一定的外来资金，可以用于乡村的建设。当然这些资金也带有一定的目的性和有限性，同时期待很高的"见效"，造成了一次性新建而忽视了个体需求的各种问题。

综上，经济情况的大相径庭，导致了不同情况的出现（表2-6）。

经济发展与乡村建设的逻辑关系   表2-6

条件		原因		现象
经济情况		经济情况		旧房 / 新房
经济落后	——	无钱修房	——	破败 / 简陋
经济繁荣	——	缺乏引导	——	私搭 / 乱建
经济支援	——	迁村统建	——	拆旧 / 统新

2.2 文化传承失序

　　失序是指失去秩序，比较混乱的状态。我国当前的乡村文化正处于一种失序的状态。两千年来，农耕文明与儒家文化占据着主导地位，或者说处于较优越的文化等级，尽管中原文明曾经数次被游牧民族所统治，但文化上的优势很快将其同化，以致文化发展处于一种稳健的状态，但近百年来，中国文化受到了前所未有的冲击：一方面，中国传统的乡村文化在崩塌失势，渐渐没落；另一方面，外来文化、新兴文化不断地冲击和刷新人们的生活。人们的生活观念改变，审美标准盲从或异变，共同的价值观开始消失，导致各取所好，乱象百出。特别是在经济快速发展的过程中，以金钱为目标的人生价值观造成了更多的不稳定性。正如西美尔（Georg Simmel，1858—1918）说："金钱只是通往价值的桥梁，然而人类无法栖居在桥梁之上。"[①]

2.2.1　家族伦理观念削弱

　　我国传统的乡村是一种以血缘关系为基础的"熟人社会"。家族伦理秩序、家风祖训、族规礼法是乡村自治、发展生息的内生逻辑。然而当前，在市场经济影响下，现代乡村逐步形成"半熟人社会"，宗族在乡村中的影响已经逐渐减弱。"利益决定亲疏"取代了"以血缘关系为核心的差序格局"。生产经营中的利益关系决定人际关系的好坏，过于理性地按利评估人际关系，看重自身实际利益，而忽视了血缘、地缘之间的感情。[②]特别是"一户一宅"政策的实施，加快了大户分家的速度；而年轻人外出打工成为家庭经济支柱再度削弱了家长的话语权，在这样的过程中，以老辈教化后辈为主要传承方式的传统文化难免日渐衰微。

2.2.2　外来文化影响加剧

　　随着越来越多的农民工到城市务工，他们的视野也发生变化。在现代城市文明的耳濡目染中，久居乡村的人们羡慕并追逐城市文化，忽视甚至摒弃原有的乡村文化。在乡村建设中，开始模仿或照搬城市的建筑和环境。而看轻当地的传统与文脉，亦或认为传

---

① 西美尔. 金钱、性别、现代生活风格［M］. 刘小枫译. 上海：上海学林出版社，2000：10.
② 贺雪峰. 新乡土中国［M］. 广西：广西师范大学出版社，2003.

统和旧貌代表了落后、落伍，甚至是穷困的象征。

2.2.3 本土乡村文化缺位

传统文化衰微、外来文化影响、新兴文化冲击，在这样的文化环境背景下，如果没有强大而有力的本土乡村文化作为支撑，人们很容易失去价值判断的标准和立场，各种乱象就会百出，大量问题就会环生，人们就会发现投入大量资金、精力，结果却常常背道而驰，渐行渐远。同时，基于血缘关系的传统乡土社会治理的基础也日渐衰微，也给传统的乡村发展带来了严重的冲击。因此我国乡村亟待建立有生命力的、积极健康的、立足本土的新乡村文化，建立尊重传统与利于发展的本土价值观。

2.3 政策管理失准

乡村建设的政策和管理是指导乡村发展的重要依据和手段，对乡村建设形成有着非常重要的影响。中华人民共和国成立以来，从中央政府到地方政府，一直心系农村，不断地推陈出新农村政策与管理办法，在乡村治理方面不断地探索进取。尽管如此，社会主义新农村之路毕竟是一条全新的路，没有现成的模式经验可以套用，在探索过程中，难免出现这样那样的问题，产生不理想的结果。

2.3.1 政策法规不完善，重建设轻文化

查阅20年来的中央工作会议文件、国家相关法律、行业规范、地方规定、专业导则、评价指标体系等，可以发现从中央政府、地方政府到行业协会，对乡村建设都有了一定的要求和规定，包括从外部自然环境到内部建筑构造细节，基本上已经全部覆盖。以往的着重关注历史文化名村和传统村落，近年来，对一般村庄和普通农房也给予了一定关注，并且有了比较具体的操作方法和相关规定。

在文化方面，对于历史文化，各级政策法规都有一定的提及，但未有实质性的规定要求。关于乡村文化，情感价值等方面只有2014年中央工作会议有所提及，其他法规中再无体现。由此可见，各级行政法规在乡村文化保护与继承方面都没有政策指引，也没有实操细则。国家现行管理政策在风貌控制方面相对全面，但很多实施细则还处于

试行状态；在乡村文化方面，只针对历史文化、非物质遗产有所提及，但并无实施细则。在当前的乡村文化引导方面，只有中央和少数省份有提及，也并未提出实施细节。我们找到23个地方性政策标准关于风貌要求比较系统。其中，有6个地方标准与导则在编制村庄规划时，提出保护村庄选址格局与整体风貌，占27%；16个地方标准与导则注重保护与利用传统风貌建筑，占72.7%；7个地方标准与导则注重保护历史环境要素，占31.8%。实施细节包括体量、色彩、建筑密度、建筑高度等指标。但对于文化要求，基本上停留在保护非物质文化遗产上，约9个，占40.9%，而实施细节均未陈述。可见中央虽然呼吁文化营造良久，但各个地方并无实质推行方法。笔者在调研过程中发现，不少村干部所谓的文化建设方法，就是弄个空地，统一布置些体育设施；在村委会空出一间屋子，改造成图书室等，仅此而已。

2.3.2　管理理念不到位，重结果轻过程

要管理好乡村，就一定要理解乡村，热爱乡村。纵观历代历史文化名村，无不是精雕细刻，日积月累，用很长的时间发展而成，没有一蹴而就、立竿见影的方式。当前很多地方急于求成，希望一两年甚至几个月就打造一个"第一村"出来，这种想法是不可取的，也不可能的。其次，乡村是一个"熟人社会"，与城市里的社区、小区、行政区完全不同，村里的工作要商量着来，一点点地推进，而不能搞"一刀切"，也不能生硬地下达行政指令。最后，乡村不同于城市，不能标准化生产，也不可能一味地增长膨胀。乡村和城市建设的区别在于：前者好比是手工艺加工，后者好比是机械化生产；前者追求的是慢工细活，后者注重的是集中高效。因此，我们不能用城市里大干快建、机械生产的方式建设乡村，而必须强调精雕细刻的过程。

2.3.3　制度体系不健全，重审批轻监管

目前乡村中建设的管理制度基本上还是脱胎于城市的管理制度。在调研过程中，可以发现很多优秀的乡村建筑仍然还属于"违章建筑"，也有很多违章建筑因为存在太久而成为"合法"建筑。在乡村中，房屋建设的申请、报批、审查、验收等一系列的问题制度尚不明确，要么没人管，导致私搭乱建；要么按照城市的管理办法来管，导致管理过严，甚至严格到无法实施。当下没有一套法理明确、权限清晰、切实可行的乡村建设管理审批制度。当下的设计管理体制，有实力的大型国有设计院几乎无法介入，设计体制内要求的各种绝对可靠的实施要求对农民而言就是一种浪费，千百年来的中国乡土文

化教会了人民最为简单又合理的空间构成，因此，简化报批手续，对乡村建筑师进行认证和平台化管理，可以实现乡村快速复兴。

2.3.4 实施过程不协调，重专项轻统筹

乡村建设工作涉及农业管理部门、建设管理部门、国土管理部门，有些还涉及文物部门、扶贫机构等。面对广大的农村地区，各部门之间很难建立有效的沟通机制，导致规定相悖、重复设计等现象发生。还有一些部门的政策只考虑和关注了自己专业的方向，却未估计其他方面的影响。这样的例子很多：比如"迁村并点"，目的是集约了土地，有利于集中配套设施，但却造成很多老村子被迁并拆毁；比如"一户一宅"，目的是保障农民的利益，保证户户有房住，却造成了传统家庭结构的解体；比如"四化四改"①，目的是改善村庄的面貌，提升了人居环境，却造成乡村自然美的丧失；比如"禁用黏土"，目的是保护农田的土壤，却造成了传统地方材料和工艺的传承受到影响……这样的例子很多，需要不断地调整和修正各项政策，才能保障乡村有特色地发展。

2.3.5 土地规划不灵活，重效率轻制宜

在我们调研中发现的"统一新建乡村"是一类社会问题很大的乡村。这类乡村的起源大多数是因为"迁村并点"产生的，关于迁村并点政策的弊端，前文已经论述，此处不再赘述，然而迁村并点之后，采取标准化的"一户一宅"政策造成了乡村风貌呆板、人性化缺失的问题。在我们调研的辽宁、山东、浙江、江苏、福建等地，都在推行新分宅基地面积三分地的情况（约200平方米），在此基地上要求建设一定面积的民居，所给规划和用地边界是固定的，基本上是行列式的方格网。内容也要求均等化，以免分配过程中产生纠纷。这样的方法对于管理者是最简单的，但是执行以后的结果却是灾难性的。在这样的政策制度下，出现大批单一风貌的、兵营式的新农村社区是在所难免的，这种均质的、无差别化的设计条件，产生了均质的、无差异化的结果，也是委托方希望出现的结果。现行《中华人民共和国土地管理法》（2017）中第62条规定：**农村村民一户只能拥有一处宅基地，其宅基地的面积不得超过省、自治区、直辖市规定的标准。**这实际上使得农村宅基地面积在同一省、自治区、直辖市使用相同的标准，也就是再建设住宅时必须使用一样的标准。中国历史上没有一个文化名村或传统村落实行完全统一的

---

① 四化：街道硬化、村庄绿化、环境净化、路灯亮化；四改：改水、改厨、改圈、改厕。

标准建设，也是不可能的，历史积累是差异化的，人的需求是差异化的，各种客观环境都是差异化的，只有差异化才能产生特色，单纯地追求理想状态下的"公平化"是没有意义的，面对差异需求而给出完全"公平"的策略，这本身就是不公平的。因此我们的土地管理政策亟待制度创新，进行符合逻辑的、人本主义的改变。

2.4　技术策略失当

乡建策略的选择与应用，直接影响乡村建设的成效。因此，乡建的策略、技术手段，包括前期研究调查、规划设计、建筑设计、景观设计、现成服务、后期运营等全部环节都是乡村建设出现问题的直接原因。

2.4.1　专业人员缺乏对乡村的理解和认知

长期以来，城乡之间在经济、文化方面产生了巨大的落差，使人们对于乡村的理解往往是落后、贫穷和无知。很多专业人员在应对乡村项目时，要么简单套用在城市里做工程的方法，要么在城市里做工程的方法基础上再简化一些来做乡村项目；加之乡村项目取费往往比较低，以至于敷衍了事、东拼西凑、抄袭复制等现象屡见不鲜。在今后很长的一段时间里，尚不可能通过提升建筑造价和设计取费来实现高品质的建筑，因此，提高行业的认知态度，提升业内对乡村的尊重与理解，势在必行。中国的建筑文化源于乡村，根在乡村，所有的乡建工作者所担负的不仅仅是几件农村的工程项目，而是中国乡土文化的传承与延续！

2.4.2　缺乏行之有效的乡村规划设计理念

乡村是否需要规划？在学界一直是个颇有争议的话题，持肯定观点的一方认为如果没有乡村规划，乡村就会无秩序地发展，后果不堪设想；持否定观点的一方认为乡村不同于城市，原本就是自我生长的，古村落就是最好的例证。我国2008年《城乡规划法》实施，指出："县级以上地方人民政府根据本地农村经济社会发展水平，按照因地制宜、切实可行的原则，确定应当制定乡规划、村庄规划的区域。"也就是说，没有要求所有的村庄必须有规划，而应当"因地制宜、切实可行"。

无论村庄要不要规划，有一点是明确的，就是村庄一定不能套用城市规划的方法和原则。这是一个已经普遍认同的观点，但是真正实际操作的时候，却很难做到，因为还没有合理的乡村规划设计体系。城市规划已经是一个成熟的学科，乡村规划还只是个议题，又或作了城市规划的一个分支？

2.4.3 新乡土建筑的设计方法还没有形成

乡土建筑（Vernacular Architecture）是社区自己建造房屋的一种传统的和自然的方式，是一个社会文化的基本表现，是社会与它所处地区的关系的基本表现，同时也是世界文化多样性的表现。[①] 新乡土建筑是传统和自然的方式在当代的延续，是传统与当代的有机结合。

很显然，我国乡村中的新建筑大多处于两种状态：一种是缺乏设计的方盒子，一种是在方盒子基础上的符号拼贴、装饰。而新乡土建筑的设计与理念，还没有全面地被乡村设计师所认真的理解和思考，尚未创作出符合当代农村生活和地域特征的，被农民广泛接受的，传承和代表乡村文化和智慧的、节能环保的新型乡村建筑。另外一方面，传统工艺的大量失传，传统建筑材料不断弃用，也给新乡土建筑设计带来了更多值得研究的课题。

2.4.4 没有建立切实可行的设计下乡机制

"设计下乡"是一个全过程，包括从开始的资料收集，到全程的与村民沟通，到建设中的设计调整，再到完成后的情况沟通与整改，最后还要有设计理念和思想的推行与普及。当前国内"设计下乡"的程度是远远不够的，设计师大多不能扎根于乡村中，了解村民的需要，体会乡村的生活，特别是那些统建过程中的设计师，往往只是和镇长、村长汇报几次便完成了设计。

乡村设计不是一次性的设计任务，而是持续的服务与沟通，甚至还包括对设计延续所需要的接班人培养，只有这样，才能把设计的理念长期灌输于乡村之中，使得乡村在慢慢的生长过程中，长期受益，良性发展。很显然，目前的乡村设计市场，还很难维系这样持久的设计下乡过程。

---

① 引自1999年在墨西哥通过的《关于乡土建筑遗产的宪章》。

3

当代实践

2008年是中国历史上不平凡的一年，这年发生了两件重大历史事件：中国首次承办奥运会和突如其来的四川汶川大地震。前者代表着我国以北京为代表的城市文明发展到了前所未有的高度；后者说明了我国的乡村建设水平还存在相当严重的不足。同在这一年，经济强省浙江的安吉县提出了"美丽乡村"计划，一时间，建设美丽乡村的强烈愿望遍及全国，以往以农村经济、改善住房为主旨的建设模式，开始向"美丽"和"特色"转变。

3.1　地方政府与美丽乡村

2008年2月28日，浙江省安吉县提出"中国美丽乡村"计划，出台《安吉县建设"中国美丽乡村"行动纲要》，提出通过10年努力，实现"村村优美、家家创业、处处和谐、人人幸福"的"中国美丽乡村"。安吉比较切实采取的措施第一步就是整治环境，再对产业模式、组织结构进行梳理之后提出"做好竹文化、孝文化、昌硕文化的保护和挖掘。"如今，安吉已经成为竹产业之乡，竹海成林，环境优美，成为政府主导"美丽乡村建设"的优秀案例。

安吉经验和美丽乡村理念在浙江省迅速推广，2010年，浙江省颁布《浙江省美丽乡村建设行动计划（2011—2015年）》，推广安吉经验。在浙江的成功影响下，广东、海南、北京、青岛等省市也纷纷开展美丽乡村建设；2015年国家质监局联合国家标准委发布了《美丽乡村建设指南》GB/T 32000—2015，将美丽乡村建设推向全国各地。

通过全国各地开展的"美丽乡村"评选，全国相当数量的乡村在村容村貌上有了很大的改观，在乡村的产业发展方面更加慎重和全面考虑，也确实造就了一批不错的美丽乡村，如浙江安吉县黄社村、大竹园村，桐庐县环溪村、深奥村等。但是同时也存在很多问题，很多人，包括一些乡村干部对美丽乡村的理解，仅限于"外观"或者"形象"。为了获得美丽乡村的称号便开始对乡村建筑涂脂抹粉，修文化广场，拆掉看起来破旧的传统建筑再造上廉价无设计的新房子等。2016年浙江省再次发布《浙江省深化美丽乡村建设行动计划（2016—2020年）》，强调除了"物的美"更加重视"人的美"，进一步加强人文风貌的建设。

安吉和浙江美丽乡村建设很重要的意义在于实践了景观治理先行的乡村建设方法，并在乡村建设中强调村民主体文化认识的重要性。

各地政府的"美丽乡村"行动起到了很好的效果，首先切实改善了乡村的人居环境，其次让更多的社会资本开始关注乡村，最后让乡村的发展获得了一定的社会保障。

美丽乡村的建设显然以风貌最为优先导向，然后辅以文化和产业。不过由于价值观差异也产生了一些问题：很多地方干部对美丽乡村的理解就是等同于所谓的乡村"城市化"或"现代化"，并就此发挥出所谓"四化"的改造办法，所谓四化指：硬化、绿化、亮化、美化。一时间，柏油马路、城市植栽、欧陆灯柱、涂脂抹粉大量破坏乡土环境的方式进入乡村，客观上产生了一些新的问题。

3.2　艺术与人文情怀

艺术界、文学界常常是社会力量中最为敏感和先锋的部分。在近20年的乡村复兴建设中，艺术家、文学家凭借着特有的前瞻性与创新性，开始了乡村里的各种探索与尝试。

3.2.1　艺术下乡

艺术下乡运动在经济复苏之后的90时代就悄然开始了，艺术家的参与给乡村带来了很多新的生机，先发之地在于经济基础好、艺术人才聚集的北京通州区宋庄镇和昌平区上苑艺术家村。

宋庄原本也是以工业发展为依托的北京周边村镇，至今还保存着一些工业遗迹。20世纪90年代初期，圆明园画家村面临拆迁，流落京北的画家群在北京寻找新的廉价栖息地，他们最终选择了宋庄，并且主要依托小堡村作为创业基地。随后，随着20世纪初现代艺术的流行，宋庄一度成为北京先锋艺术的代名词，而宋庄热也风靡京城。自2005年开始，随着艺术家数量的激增，宋庄的经济也被带动发展起来，这时宋庄的地价开始飞速上涨。政府为将宋庄打造成文化创意产业基地，通过文化创意产业的发展来带动其他产业的发展，随之而来形成了政府与地产商捆绑式发展的格局。陈晓峰在《宋庄疯》[①]一书中写道："宋庄问题正集中爆发出来，比如艺术家工作室越来越多，房租控制不住地涨，艺术家生存负担加重；艺术空间越来越多，能够专业运作的却很少，展览乱七八糟，没有学术标准，也几乎不能帮助宋庄艺术家打开出口；名气越来越大，有钱而非艺术的机构进驻得越来越多，真正做艺术的空间被围困。"而宋庄的建设基本上已成为现代城市的缩影，大体量的美术馆、办公建筑、商业建筑、住宅公寓已经遍布宋庄，当然期间不乏一些个性张扬、富有鲜明特征的建筑。然而艺术家特立独行的性格特点不可能形成特别和谐的风貌，不同的艺术见解与价值判断让宋庄更像一个大杂烩的舞台（图2-23）。

上苑艺术家村成立于1995年，当时昌平区政府将区内所辖上苑村、下苑村、东新城村、西新城村、秦家屯村和辛庄村六个村构成的艺术家聚集地。邀请数百名国内知名艺术家来此居住并进行创作。与宋庄的开放式、展示性的现代艺术之城相反，上苑艺术家村相对比较封闭，各个艺术家深宅大院，在自己的小天地里进行艺术创作，置身上苑村

图2-23　千姿百态的北京宋庄

（来源：笔者自绘/摄）

---

① 陈晓峰. 宋庄疯［M］. 北京：新星出版社，2013. 05：13-34.

图2-24 深居简出的北京
上苑村
（来源：笔者自摄）

中，更加像是走在一个比较私密的小区里，如果不经人指点或者预约，很难看到什么作品。上苑村的发展探讨了一种置换的可能性：即想进城的村民进城，想下乡的艺术家下乡，双方各得其所。然而艺术家毕竟是小众人群，他们会去想办法解决他们感兴趣的乡村问题或者说是艺术问题，而不可能是系统地解决乡村问题（图2-24）。

3.2.2 冯骥才与古村保护

冯骥才是我国著名的作家、文学家、艺术家，也被媒体称为"中国古村落保护第一人"。他一直呼吁对传统村落的保护，并对每天大量消失的村庄表示叹息。他致力于传统文化、风土人情的研究，并于2009年建立了非物质文化遗产保护数据中心，存录了中国民间文化遗产。他通过大量的田野调查和资料整理，写出了《乡土传奇》《乡土精神》等文学作品，产生了很大的影响力，从这两本书中我们能够感受中国乡土文化的精深与造诣，乡土传奇中记录的各种乡村"牛人"的本领、才艺和性格，证明中国乡土文化的传奇能力。书中描写的"刷子李"，可以细细品味中国的工匠精神，有的绝不仅仅是技术，还有那种吃得定"绝活儿"的傲骨英风，以及"好面儿"不服输的精神。

冯骥才一方面在寻访濒临消失的古村古镇，一方面在探寻失落的中国传统民间文化，他在散文《日历》中写道："我们今天为之努力的，都是为了明天的回忆。"他对传统村落和民间文化的保护和拾遗，是将文化视为传统乡村的生命，只有文化保存下来了，传统村落的躯体才有生命可言，而生命能让传统村落再放异彩！"大风可以吹起一张白纸，却无法吹走一只蝴蝶，因为生命的力量在于不顺从"，而传统村落要成为的不是被保护下来的无生命的白纸，而是能与外来文化、流行文化相抗衡的蝴蝶。

3.2.3　文人下乡之碧山计划

2011年，艺术下乡项目"碧山计划"在广州时代美术馆正式启动，创建了"碧山共同体"，通过文化圈的力量来探索徽州乡村重建的可能性，推动知识分子下乡，并尝试创造一种新型的乡村建设模式。

碧山计划寄希望于文人进驻乡村，来复兴耕读文化，改变传统村落，建立一文人心中的"乌托邦"，实现诗情画意的田园生活。但有学者指责碧山计划基本上还是迎合城里文化人的口味，没有真和村民生活融合在一起。实际上碧山计划取得了一定的实践效果，碧山书局和猪栏酒吧成了网红的建筑，或多或少给村民也带来一些好处和发展的机会。

碧山计划一度引发过热议，甚至被国际关注，有人质疑碧山计划没有真正融入乡村、解决乡村问题。计划中提出的"英文计划书""酒吧""先锋书店""名牌笔记本"这些源于西方或城市的概念融入乡村需要一段过程，而不是在乡村中放置从而形成鲜明的对比，满足西方国际社会对中国的理解：一种落后中的发展。

碧山计划作为一种探索仍然鼓舞更多的年轻人、知识分子参与到乡村中来，应该说乡村建设需要各种各样社会的力量参与实践，从而发现各地的适宜之法，无论碧山计划失败与否，学者们如何论战争议，至少有一点没有错：碧山村更加出名了，乡村问题被更多人关注了（图2-25、图2-26）。

图2-25　碧山书局
（来源：笔者自摄）

图2-26　碧山计划实施五年后的碧山村
（来源：笔者自摄）

3.2.4 文学艺术下乡的得失

文学家、艺术家有其相当敏锐的直觉和判断，可以发现问题，尖锐地提出问题而不太在意政治和社会约束。往往思想意识都处于社会的前沿，带有很强的前瞻性和创新性。艺术下乡往往让乡村耳目一新，让很多人觉得"只有艺术家才能救乡村"。艺术家、文学家确实是乡村建设的先锋，但是乡村都走艺术复兴之路确实是很困难的。首先，艺术家是很好的观察者和创造者，而往往不会成为参与者。当下艺术家进村大多采用进驻的方式，造一个院子，躲在高墙后面观察周边的乡村、农民、自然环境，然后进行创作发掘，提出自己的主张和思考。其次，艺术家、文学家是小众阶层、精英阶层，力量分散，观念不一，想象力丰富，实验性很强。本身很难成为村民的领导者，其观念也很难为所有村民认同，其数量也远远不足，其选择也大多是风景俊秀之地，京城都市周边便利之处，其经验很难向全国推广。乡村的艺术复兴之路只是一种实验和探索，成果可以学习借鉴，但并不能适用于所有的乡村，或者说绝大多数乡村。

3.3 社会与经济关注

社会学、教育学、经济学、哲学研究者长期以来一直持续关注乡村。他们是真正的晏梁一脉而来的研究者。其工作方法是扎根乡村，做持续的跟踪研究，总结成果。

3.3.1 温铁军的三农研究

温铁军是中国人民大学农业与农村发展学院教授。著有《八次危机：中国的真实经验1949—2009》等论断，认为中国并不是没有发生经济危机，而是将危机向"三农"转嫁，使城市的产业资本实现"软着陆"。2003年，温铁军来到当年晏阳初进行乡村实践的河北定县，创办了晏阳初乡村建设学院，决心开展第二次定县实验。教授农民科技、经济、创业知识，教会和辅助学员办"合作社"。晏阳初乡村建设学院培养了几批河北、山东、河南等地农村干部和村民的培训班，教授知识的同时，将建立合作社的方法推向全国，重新将实施"家庭联产承包责任制"以后相对独立的小农经济组织起来，进行了翟城村的综合发展试验和生态农业实验。

温铁军教授认为：当前比晏阳初时代要完善得多！愚和穷的问题已经改善，但农民还是分散的！组织建设和民主建设落后！这是"弱"；小农分散生产让他们往往只看到眼前利益！这是"私"，这两个问题仍然严重。他同时指出："事情只能一点一滴地去做，问题只能一点一滴地解决……没有短期见效的良药。"①

在建设方面，温铁军的定县实验得到了广泛的社会关注，除了社会学学者、经济学学者的参与之外，台湾著名乡土建筑师谢英俊先生也参与了部分定县实验，并且带领农民建设了首个生态厕所等项目，用最低的造价解决乡村的问题。2005年8月，谢英俊与晏阳初乡村建设学院合作成立中国人民大学乡建中心乡村建筑工作（Rural Architecture Studio），致力于研究和开发一种能结合农村经济与社会条件的、高标准的环保建筑，并希望通过培训、合作等手段鼓励当地农民积极参与以草根组织的形式推行环保理念和实践。"就地取材、简化构法、协力建屋"是其核心的乡土建筑体系的构建观念。

温铁军关注农村生态建筑的研究和推广，利用农村剩余劳动力，自主生产本土建筑材料，使用最简单的工具和技术进行施工，实现建筑的"简单化、生态化、本地化"，并通过社区内部协调，建造环保舒适的农村人居环境。温铁军教授对建筑师和规划师应提出的要求是：多从乡土文化中学习，与在乡村建造问题相对应的"不是单纯的技术问题，**而是文化上的大问题**"。②他指出：不要把乡村变成一个庞大的建筑"垃圾场"，应该探索乡土建筑的建造。从他的各种提法可以判断，他完全赞同用乡土文化去引领乡村特色的营建。

3.3.2　高等院校与研究机构

除了人民大学的温铁军教授，中山大学、浙江大学、清华大学等院校也分别开设了农村问题研究机构。比如中山大学社会学与人类学学院的邓圆也教授，从人类学的角度，将乡村社会纳入国家政治语境中，认为"乡村社会是一个具象的农业为主的地理空间与自然环境、政治制度、文化风俗等集合的'关系综合体'……形成乡村建设'有机生态体系'视野，可能有助于在乡村建设的不同需求中找寻一定的平衡，促使我们建立起动态而有效的规划策略。"

浙江大学农业现代化与农村发展研究中心"CARD"，以面向农村、以加快实现中国农业与农村现代化为宗旨，重点研究解决我国农业与农村现代化发展进程中所面临的重大理论和实际问题，同时，培养农村发展相适应的人才教育，成立农业合作组织，强调农民（或者农业）的合作。

---

① 孟雷，胡敏. 从晏阳初到温铁军［M］. 北京：华夏出版社，2005：80-81.
② 王伟强. 从乡村建设走向生态文明［J］. 时代建筑，2015.12（3）：10-15.

清华大学中国农村研究院成立于2011年，为开展中国"三农"问题的高水平研究，培养服务于中国农村改革发展的高素质人才而设置，依托在清华大学公共管理学院。

天津大学建筑学院2017成立了未来乡村研究中心，厦门大学成立了乡建社，还有很多高校成立了农村、乡村研究学院，进入乡村，开展不同学科的研究工作，机构之多、层出不穷。

3.4 民间机构与企业

2000年以来，随着体制改革的不断深入，大批的民营企业和组织力量进入乡村建设领域，开展了一系列卓有成效的乡村实践，其中比较有影响力的包括：华润集团的希望小镇系列、中国乡建院、东方园林、浙江绿城、大地乡居、乡伴·原舍等。

3.4.1 民营乡建企业

在民间的乡建企业中，中国乡建院是一家比较突出的民营企业，2011年由艺术家孙君和乡村基层干部出身的李昌平等一群从事乡村建设的民间人士发起成立。李昌平提出以"内置金融"的方式在乡村中筹划资金，盘活乡村内部资产与资金，再通过乡建院进行乡村建设实践。

在建设方面，乡建院的设计思路比较接地气，在利用有限资金的条件下采用比较简单、朴实的方法盖房子。其中比较优秀的作品包括郝堂村小学、村民活动中心和桐梓村的农业大棚改造。在乡村建设取得一些成绩，产生了一定社会效益以后，乡建院也尝试邀请一些优秀建筑师参与他们的乡村实践，包括台湾谢英俊建筑师在郝堂村设计的桥上书屋和桐梓县中关村民宿设计。

除了乡建院，华润集团、东方园林、杭州绿城设计也进行了大量的乡村振兴项目和乡土实践。华润集团打造了系列希望小镇，比如西柏坡华润希望小镇、金寨华润希望小镇、白色华润希望小镇等；东方园林则是通过EPC的方式迅速占领了很大的乡村市场，但是后来资金方面也出现了问题；而绿城设计（gad）以其高品质的细节设计和良好的品控能力，建设了不少有影响力的乡村建筑作品。比如gad·line+ studio完成的东梓关村民活动中心、松阳陈家铺等项目等。这些有社会责任感的民间机构和设计企业为中国的乡村建设事业添加了各种各样的探索与实践，有成功有失利，有惊艳有争议，提供了很多宝贵的经验借鉴，同时也引发了我们很多思考（图2-27、图2-28）。

图2-27 河南郝堂
村桥上书屋的小读者
（来源：笔者自摄）

图2-28 东梓关村
民活动中心
（来源：笔者自摄）

3.4.2 民宿产业腾飞

　　民宿产业近年来方兴未艾，甚至出现所谓民宿潮或民宿热。这对于城市反哺乡村，是一种很有效的方式，至少可以带来乡村的一些旅游发展机遇和社会资本注入。深究民宿的概念，应该是村民自己利用自家闲置房屋进行旅游接待的项目，即home stay，提供简单的早餐和一张床，即B&B（breakfast and bed）。但是在我国，目前村民自发的经营能力和资金水平都相对较弱，经营问题也比较多，这给城市的投资个体和企业提供了商机和一展宏图的机会。随之而来，一些精英民企加入到"民宿"的开发中来。

莫干山、大理洱海……这些风景秀丽、周边市场良好的地方首先开始了民宿潮，这也是我们把乡村研究分类定义与大城市距离和风貌类型作为依据的重要原因，距离城市近、环境优美、建筑有特色的乡村首当其冲受到城市资本的垂青。

全国连锁的民宿品牌很多，各有特色，还有很多民宿品牌由设计企业脱骨而来，比如源于大地景观的大地乡居，从东方园林走出来的朱胜萱和他的民宿原舍品牌等。这些基于设计企业的民宿品牌具有良好的设计品位和经营理念，为民宿行业也树立了榜样作用（图2-29、图2-30）。

图2-29　盐城的大地相居民宿
（来源：笔者自摄）

图2-30　祝家甸的原舍民宿
（来源：笔者自摄）

3.4.3　民营力量

民企需要生存，遵守市场法则。在没有国家基金和政府资金的帮扶下进入乡村，需要敏锐的判断和一定的情怀。另一方面，这些企业也在摸索中慢慢进入乡村，知识储备也大相径庭。首先，要呵护和善意对待民间力量，他们的介入为乡村提供了色彩斑斓的未来；同时，通过经验积累、学术交流，提高民营机构进入项目的综合能力和水准。

3.5　建筑师的不同理想

随着改革开放后的乡村经济复苏，近年来越来越多的先锋建筑师参与到乡村中去，其中比较有代表性的建筑师包括李晓东、华黎、张雷、张鹏举、王澍、王竹、何崴、徐甜甜等，特别是何崴、徐甜甜等人在浙江松阳大量的乡村实践产生了比较广泛的社会影响。而著名建筑师王澍的文村实验，也在全国取得了一定的影响。长期致力于农村问题研究的王竹教授不仅自己开展了很多实践，还培养了很多关于乡村建设研究的硕博士研究生。

3.5.1　从建筑本质开始感知乡村

对于乡村，城市中的建筑师大多怀着一种尊崇和敬畏的心态，"回到乡村中去"，一直是建筑师苦苦寻找创作灵感的理想所在。因为乡村中乡土建筑是最为原真的材料建构，最为合理的人类诉求，最为积极的环境应对，最为淳朴的文化表达。

李晓东是较早进入乡村的建筑师，乡村设计作品包括云南丽江玉湖村的玉湖完小（2002—2004）、福建省平和县崎岭乡下石村桥上书屋（2008—2009）[1]，以及北京市怀柔区雁栖镇交界河村的篱苑书屋（2011），其中桥上书屋获得了2010年阿卡汗奖（Aga Khan），篱苑书屋获得2014年加拿大的MoriyamaRAIC国际奖。李晓东设计的建筑大多形体比较简洁，建筑表达凝练时尚，建构逻辑非常清晰。俞孔坚评价桥上书屋"找回了场所，找回了建筑本身。"[2]李晓东的作品可以感受到非常清晰的建构，对设计本质有着深

---

① 曾获得住建部2015年一等优秀推荐实例。

② 俞孔坚. 有屋在桥上 [J]. 世界建筑，2014.292（9）：54-63.

刻理解，其作品尝试解决一些乡村的社会问题，比如玉湖完小和桥上书屋都体现了建筑师对于乡村的关注和思考，设计目标是为了改善乡村中的教育资源（图2-31）。

华黎是TAO迹建筑事务所主持建筑师，也参与了一些乡村实践，包括云南腾冲高黎贡山下新庄村边的高黎贡山手工造纸博物馆（2008—2010）[①]、德阳市旌阳区孝泉镇民族小学（2008—2010）[②]、武夷山星村镇附近乡野中的竹排育制厂（2011—2012）[③]等。华黎的设计重视建筑空间与使用者行为之间的关系，关注建造方式、材料的在地性，不同材料在建构上的逻辑性（图2-32）。

这两位海归建筑师分别在英国和美国经历西方建筑学教育，他们的乡土实践更加关注于建筑本质的研究、建筑材料的研究。严格意义上说，他们不是乡村建筑师，至少他们起初的关注点并不在于乡村，在一次采访中，两个人都觉得自己在乡村做建筑只是一个"巧合"[④]。但这些"巧合"确实令所在的乡村出现了新的生机，进行了一些创新性的建筑实验，这些作品至少让乡村里的村民开拓了眼界，提高了对建筑的鉴赏力和美学观念。

就建筑学而言，这些案例在新乡土建筑设计研究的方面、乡土材料的利用方面提供了很好的借鉴。比如高黎贡山手工造纸博物馆采用了包括土、纸、木等大量生态的材料，取得了非常好的效果，其化解大体量为小聚落的解题方式，也值得执意欲在乡村中修大尺度房屋的人们认真琢磨和思考。比如篱苑书屋中篱枝的使用和竹排预制厂中竹构件的使用，都是对乡土材料的充分研究与利用。

图2-31　李晓东在丽江设计的玉湖完小
（来源：笔者自摄）

图2-32　华黎设计的高黎贡造纸博物馆
（来源：引自住建部《田园建筑优秀实例研究》课题）

① 华黎. 建造的痕迹 [J]. 建筑学报，2011. 513（6）：42-45.
② 华黎. 微缩城市 [J]. 建筑学报，2011. 514（7）：65-67.
③ 建筑学报. "武夷山竹筏育制场建造实践"现场研讨会 [J]. 建筑学报，2015.559（4）：1-9.
④ 李晓东，华黎. 从建筑本质感知乡村 [J]. 城市环境设计，2015.Z2：158-159.

3.5.2 乡土建筑的再利用与改造

建筑师走进乡村，首先面对的是大量已经存在的乡村建筑，这些房屋非常美丽和谐，然而却常常已经无法满足现代生活的需要，对于大量已经存在的建筑进行设计和改造，是建筑师必须面临的问题。而浙江松阳的实践很好地处理了新与旧的关系。

徐甜甜是DNA建筑事务所的主持建筑师。她比较成功的乡村项目包括丽水市松阳县平田农耕馆（2014—2015）①、松阳县城附近的大木山茶园竹亭（2014—2015）②、松阳大木山茶室（2014—2015）③等。与城市化的宋庄美术馆不同，进入松阳的徐甜甜没有过多关注建筑外在的形式，而是更加注重建筑的地域性、材料和建构方式的地方性。由于平田农耕馆项目的成功，徐甜甜成为松阳实践的代表建筑师之一（图2-33）。

何崴是于中央美院任教的建筑师。他的乡村作品包括河南信阳西河村粮油博物馆（2013—2014）④、丽水市松阳县平田村爷爷家青年旅社（2014—2015）⑤、上坪古村复兴三个重点节点改造（2016），以及王家疃村学堂、民宿、白石酒吧（2018）等。建筑师何崴的项目多为老房子改造，以最轻微的方式改造乡村建筑，并提出"乡村弱建筑"⑥等概念，他认为"在乡村进行建筑设计理当弱化建筑设计与其他乡村问题的边界，应将建筑、经济、社群问题联系在一起考虑。"乡村建筑设计既不以建筑开始，也不以建筑结束。对于建筑师的角色，何崴认为进入乡村建筑师的身份应该是"多重的，时隐时现的"⑦，还要做说客、策划人、监工、室内、景观、照明设计等（图2-34）。

平田村的乡村实践是由清华大学建筑学院副教授罗德胤发起的，罗德胤是建筑历史、传统村落、乡土建筑方面的知名专家，是活跃在当今乡村建设领域重要的学者。当他受松阳县长之约来到平田村后，被这里的原生态秘境所吸引，他将松阳的10几个古村落进行了梳理和规划。然后邀请华大学建筑系原主任许懋彦、建筑师徐甜甜和何崴、香港大学建筑系主任王维仁等来到松阳，参与平田村的乡村建筑实践。这些建筑师都在松阳留下了作品，本书选取徐甜甜和何崴作为代表是基于他们在乡村建设方面提出的观点和主张与本书观点更为契合。

---

① 徐甜甜. 平田农耕馆和手工作坊 [J]. 时代建筑，2016.148（2）：114-121.

② 徐甜甜. 茶园竹亭，松阳，浙江，中国 [J]. 世界建筑，2015.296（2）：38-41.

③ 徐甜甜. 大木山茶亭 [J]. 时代建筑，2016.147（1）：75-81.

④ 何崴. 西河粮油博物馆及村民活动中心，信阳，中国 [J]. 世界建筑，2015.298（3）：114-121.

⑤ 何崴. 给老土房一颗年轻的心 [J]. 世界建筑，2015.306（11）：90-95.

⑥ 何崴. 乡村弱建筑设计 [J]. 新建筑，2016.167（4）：46-50.

⑦ 何崴. 身份的现隐——建筑师在乡村建设中的角色扮演 [J]. 住区，2015.05：16-27.

图2-33　徐甜甜设计的平田农耕馆　　　　图2-34　何葳设计的爷爷家青年旅社
（来源：笔者自摄）　　　　　　　　　　　（来源：笔者自摄）

　　平田村是古村落，风景优美，富有传统特色，因此这里实践的建筑师基本上都采取了非常谨慎的、较轻的介入方式，基本上都是对原来的老房子进行改造，赋予其新的、舒适的使用功能和室内外环境。从规划层面分析，平田村的改造是逐点逐步的，采用了建筑师集群设计的方法，而不是一次性简单地统一建设。从建筑学层面看，新建部分的介入非常的轻和少，基本上是一种基于修复的态度和立场。平田村的乡村建筑实践取得较好的效果，在社会上和业内的影响力也很大，是一次比较成功的乡村建设实践。

3.5.3　不同地域的特色塑造

　　中国幅员辽阔，不同地域有着不同的解读，优秀的建筑师在自己项目所处的地域环境中，针对场地和地理条件进行了认真的思考和研究，然后设计出符合当地环境的建筑，这种设计是不可复制，不可移动的，就是某地自己独特的表达，这便是所谓的特色。

　　张雷作为可持续当代乡土建筑研究中心的主任，也参与了很多江浙地区的乡村实践，在浙江桐庐戴家山周边的乡村发起了"莪山实践"，作品包括浙江桐庐云夕深澳里书局（2014—2015）[1]、浙江桐庐莪山畲族乡戴家山先锋云夕图书馆（2014—2015）[2]、畲族乡新丰民族村云夕戴家山乡土艺术酒店（2014—2015）[3]。这些房子位于江南山水灵秀

①　张雷. 云夕深奥里书局 [J]. 城市环境设计，2015.96（10）：28-41.
②　张雷. 桐庐莪山畲族乡先锋云夕图书馆，浙江，中国 [J]. 世界建筑，2017.322（03）：101.
③　张雷. 云夕戴家山乡土艺术酒店畲族民宅改造 [J]. 建筑学报，2016.570（03）：40-45.

之地，凭借良好的自然环境，加之对老房子、原有乡村机理的尊重与呵护，这些作品原汁原味地带给到访者亲切、自然的感受，形成了清雅的新江南建筑（图2-35）。

张鹏举在西北地区设计了大量建筑，可谓内蒙古建筑师的杰出代表。在内蒙古辽阔的乡村中，建筑师张鹏举采取一种"平实建造"的态度，他的设计大气简洁，却不失细腻的局部。作为北方建筑师，张鹏举"从身处寒地和北方的地域性角度看，气候是理性建筑师必须面对的地域因素"。[①]在乡村中，他非常注意强调建筑的地域性和乡土特点，老建筑改造、沙袋建筑的研究，分别对内蒙古地区的地域特点和游牧民族的居住特点做了现代性的诠释（图2-36）。

从南到北，各地建筑师立足本土，结合当地地域特点而设计的作品都受到了社会各界的认可，这些作品潜移默化地表达了当地的文化特征、对自然山水的态度、对当地材料的思考与关注。

图2-35 张雷设计的先锋云夕图书馆
（来源：笔者自摄）

图2-36 张鹏举设计的沙袋民居
（来源：引自住建部《田园建筑优秀实例研究》课题）

---

① 张鹏举. 平时建造 [M]. 北京：中国建筑工业出版社，2016.09：8-9.

3.5.4 基于民居的设计关注

居住是乡村最为本质的功能。但受经济条件、价值观念的影响，起初几乎不会有村民个人邀请知名建筑师为其设计房屋，故此早期介入乡村的建筑师大多不得不以乡村中的公共建筑开始。近年来，随着地方政府、地产开发商、社会基金会以及民间资本的介入，才开始有了一些知名职业建筑师进行乡村民宅设计的实践机会。

王澍于2012年获得了普利兹克建筑奖（Pritzker Architecture Prize），成为第一个获得该奖项的中国建筑师。自认"叛逆性格"的王澍一直十分关注中国文化的解读与中国乡村的发展。在宁波滕头村调研之后，他写下了这样的文字："这个国家数千年的城市文明在30年间已成废墟，而作为其根基的乡村，要么已成为废墟，要么正在荒芜。"表达了其对文化衰亡与乡村凋敝的急切呼吁。也正是基于这样的反思，王澍在同意设计杭州富阳区的"三馆"[①]之后，又争取到"文村"的改造项目，并在2012年开始在浙江文村开展了长期的"文村试验"，设计并建造了14栋民宅（图2-37），他的理念是"新村不能和老村脱离，新村最理想的形态，就是像在老村上自然生长出来的一样。"[②]文村实验在乡土建筑上是一次成功的探索，但从乡村建设的角度看：14栋乃至后来的更多新建民居，还是与原本的村落形成了较大的反差，招致一些村民的争议。看来无论多优秀的建筑师，如果一出手就是十几栋，对于小小的乡村而言，下手还是显得重了。

王竹教授长期以来一直致力于乡村建设和农村人居环境的研究。从西北到江浙，王竹坚持以有机更新和低碳策略进行乡土建筑实践。早在2003年，王竹提出了"地域基因"[③][④]的概念，强调地域建筑的传承与发展，并结合西北地区窑洞的研究，探索新时代绿色窑洞的设计与研究[⑤]；此后又在湖南韶山进行了"韶山试验"[⑥]，通过"低度干预、本土融合、原型调适"的方法进行乡村的有机更新；2011年，王竹开始主持浙江大学乡村

---

① 富阳市博物馆、美术馆、档案馆"三馆合一"项目。

② 百城视野. 建筑师王澍与他的文村［N/OL］. 散文吧（百城视野\建筑师），2016-06-09. https://sanwen8.cn/p/17cLFwA.html.

③ 刘莹，王竹. 绿色住居"地域基因"理论研究概论［J］. 新建筑，2003.02：21-23.

④ 魏秦，王竹，徐颖. 地区建筑营建体系的"地域基因"概念的理论基础再认识［J］. 华中建筑，2012.17：9-11.

⑤ 王竹，魏秦，贺勇. 从原生走向可持续发展［J］. 建筑学报，2004.03：32-35.

⑥ 王竹，钱振澜. "韶山试验"构建经济社会发展导向的乡村人居环境营建方法［J］. 时代建筑，2015.03：50-54.

人居环境研究中心，先后在浙江德清县张陆湾村进行了"渐进式微活化"①的简屋保护与改造；在浙江安吉县景坞村采用了"在地设计"②的低碳有机更新策略，并修复了月亮湾组团等实践项目。王竹老师培养了大批的优秀硕博研究生，在乡村建设领域不断开展理论研究与实践创新（图2-38）。

对于民居的更新与改造，是乡村建设的重点和难点，由于老房子改造成本高，实施难度比较大，大多数乡村采取了推倒重建的方式，造成乡村风貌的断代和异变。本部分介绍的两位教授均采取了有机更新的方法，在长期的研究与实践中有序地进行乡土重建，这种带有理想与情怀的在地性设计，值得我们去长期推广与探索。

图2-37 王澍设计的文村新民居
（来源：笔者自摄）

图2-38 王竹设计的景坞村绿色农居
（来源：引自住建部《田园建筑优秀实例研究》课题）

3.5.5 新民居的构建与材料研究

谢英俊是我国台湾著名的建筑师，1999年，台湾发生了"921"大地震。建筑师谢英俊参与到灾后重建当中，以最低的造价帮助灾民重建房屋。2004年，印尼发生了大海啸，他又前往帮助，并建造了一个高脚屋——晏阳初乡村建设学院。也就是这一年，他结识了三农专家温铁军教授，并帮助温铁军教授一起开始了第二次"定县实验"。他的项目是一个自己带领学生建造的厕所。2008年汶川大地震，再次让谢英俊坚定的研究轻钢框架体系，并随着实践逐步形成了自己成规模的"产品体系"，通过这种轻钢体系和就地取材，谢英俊的房屋造价可以降低到两三百一平方米，如四川茂县太平乡杨柳村的重建。他的轻钢体系是基于对中国古代建造方式的思考，是一种小跨距、小断面的承重

① 王竹，郑媛，陈晨，钱振澜. 简屋式村落的微活化有机更新 [J]. 建筑学报，2016.08：79-83.
② 王竹，王静. 低碳乡村的"在地设计"策略与方法 [J]. 城市建筑，2015.11：32-35.

构架，其形式来源于我国古代南方多采用的"穿斗式"建造方法。中国建筑自古以来以框架方式作为主要的承重方式，谢英俊老师的研究将框架承重与现代理性技术相结合，成为农民低造价建造房屋的适宜技术（图2-39）。但由于技术的统一性，很多新村还是难以摆脱单一形态的特征，更加像是过渡期或临时性的建筑群。

穆钧是一位长期专研生土建筑的年轻建筑师，先后就任于西安建筑科技大学和北京建筑大学。在住建部的支持和无止桥慈善基金委托下，穆钧在西部贫困农村地区开展多项农村扶贫建设和示范研究项目。其中，"毛寺生态实验小学""住建部马鞍桥村灾后重建综合示范"两个项目先后获得两届英国皇家建筑师学会国际建筑奖、两届联合国教科文组织传统创新奖、首届中国建筑传媒奖最佳建筑奖等多个国内外专业奖项。此后，又设计了甘肃省白银市会宁县丁家沟乡马岔村活动中心、夯土示范民居，广西壮族自治区桂林市恭城瑶族自治县莲花镇门等村的村民活动中心等项目。他的项目将夯土建筑进行了彻底的改良，用现代建筑的设计手法赋予土坯房新的生命（图2-40）。穆老师不仅重视材料改良，也很关注施工工匠的培养，组建了一支专业的夯土墙施工队伍。

建构方式与材料应用是建筑存在的本质，村落的建筑发展依赖于结构和材料的发展与应用。长期以来，我国没有建立乡村语境下的建造施工体系，而城市语境下的建造体系给乡村带来了很多困境。传统材料，例如木结构、夯土结构、砖拱结构、竹结构等技术由于无法计算、保温防火性能不稳定而被大量弃用，事实上，这些材料和构造方式很多屹立上百年而犹在，使用年限远远超出现代一类公共建筑的要求，却因为没有设计依据或必须依照城市中的防火要求、节能要求而被埋没。因此，乡土材料、现代工艺改良材料、科学的建构逻辑和检验制度，将是我国乡土建筑发展重要的技术发展方向。

图2-39 谢英俊设计的杨柳村震后住宅
（来源：引自住建部"田园建筑优秀实例研究"课题）

图2-40　穆钧设计的毛寺生态小学
（来源：穆钧教授提供）

4

思考：从点滴开始

当前我国村镇建设呈现出的问题主要归因于经济发展、文化传承、管理方法、技术策略四个方面的原因。事实上，管理和技术在某种意义上说也是文化的一种，因此，除了经济发展以外，文化问题已经是乡村建设过程中出现不调的首要问题，而重生产轻文化，也是长期以来基层管理与发展的最大误区，其实很多乡村可以没有太多钱，但不能没了精气神儿！无论经济问题解决与否，只要还有人在，就不能失却了文明的价值！这也是一切乡村问题都应先从梳理乡村文化开始的本质意义！但是，文化之修复，又非朝夕之功，因此当前的实践只能从点滴开始。

当代的乡土实践已经充分证明，从地域特点、当地人文、产业发展、社区建设为出发点的局部微更新能够起到很好的修复效果；而大面积的，整体式地统一建设往往因为缺乏针对性和人文关怀而效果不佳。至于多小才能称为点滴？我想这个小是没有低限的，可以小到一两平方米抑或一草一木。但大是有上限的，我想最好不要超过3栋房子，或者说每20栋房子的聚落不要超过3栋一起更新，否者，再优秀的规划师、建筑师也难以驾驭。如果还是把乡村比如成一个有生命的机体，或者干脆比如成一个人，那么一次性对一个人做大于50%的器官或者机体移植，这个人还能活下去么？乡村也是一样，如果你不想杀之，那么每次只替换其15%的成分我觉得是可以承受的，当然这仅仅是个经验数值，总体看，越少越好，我仅希望乡村的管理者、实践者将乡村当成自己的生命，如果有医生告诉你：为了救你而要置换掉你大部分身体时，甚至五脏都要换掉，我想你一定会慎重，至少再找几位名医问问，有没有保守方案……对于乡村亦如此，我们能养则养，能保守则保守，能不开刀就不开刀，优选中医，调理为主，激励其机体自我发展为主。

第三篇

经验 / 与 / 态度

中国文化发展脉络的断层导致了当今乡村发展的乱象。而西方很多发达国家文化脉络清晰，未有太大波折，因此乡村保持着稳步的发展和一定程度的有机更新。正如科里亚①评价西方建筑史是一条完整的脉络。日本和我国台湾地区文化发展受到过不同程度的影响，分别经历了一定阶段的社区营造过程，对乡村文化进行修复，特别是台湾地区，有着跟大陆更加相似的文化背景和发展阶段。学习和借鉴这些发达地区在不同文化背景下的乡村发展营建过程，能够更加清楚地认识乡村发展的问题和趋势。

目前关于欧洲、日本，以及中国台湾地区的乡建多在政策、规划层面的研究，对于建筑师的具体实践缺少系统的梳理，本书尝试从建筑师的视角去分析和研究乡村建设问题，从实操层面入手研究有效的乡村营造措施。

---

① 查尔斯·柯里亚（Charles Correa），印度建筑大师，对乡村低造价建筑进行过系统的研究和实践。

1

欧洲大师的执着守望

欧洲乡村大多环境优美，生活安逸。瑞士的小镇、英国的田园、德国的郊野，通常是风景如画，生机盎然。从早期的工业革命，资本主义发展和海洋殖民扩张，到近现代快速的科技发展和进步的管理体制，让欧美国家的乡村较早地进入和谐的状态（图3-1、图3-2）。

尽管没有巨大的文化波折，欧洲的乡村同样经历着城市化进程的困扰，乡村也面临着空心化、老龄化等一些问题。面对这些问题欧洲有着许多著名的建筑师，他们耐得住冷清和寂寞，用数十年的时间长期专注于乡村建筑的思考、工艺技术的传承，守候着他们热爱的乡村。

图3-1 瑞士芮艾德
芙村（Rieβdorf）
（来源：笔者自摄）

图3-2　意大利的湖光小镇
（来源：笔者自摄）

1.1　工匠精神：卒姆托（Peter Zumthor）的守候

　　彼得·卒姆托是享誉世界的著名建筑大师，但他却一直潜心地扎根在瑞士库尔附近的一座小乡村里，过着隐居山林的生活。他更像是一位手工匠人，带着他的学生们每天钻研石材、木材等乡土材料的特点和建构方法，他的每一个项目都要认真地做大大小小的模型，通过很大比例的模型来推敲建筑的形体以及材料的建构方式。

　　他的工作室位于哈尔登施泰因（Haldenstein），当他刚刚进入这个乡村时，如同所有介入乡村的建筑师一样，也遭遇了当地村民的反对，不许他建造有可能破坏乡村特色的房屋，他买下了一栋旧农舍，直到随着他的作品越来越受到社会的认可，他的建筑才渐渐被邻居们慢慢接受。

　　1986年，他在自己翻新的农舍里住了十年之后，他终于克服了反对的声音，建造了第一个工作室（1985—1986）[①]，也是他的自宅。这座房子采用了落叶松板的外表皮，看起来像是一个传统的木质建筑，屋顶是传统的红瓦，建筑平面简洁，而不是传统的乡村建筑格局。这座房子好像是"从土地里生长出来的"[②]，体现了他对于乡土环境的尊重。在朝向内院的一侧，采用了比较通透的玻璃界面，使工作在房子里的人直接感受院里的自然环境。卒姆托小心翼翼地处理自己这个外来者与乡村的关系，尽可能地保持着当地的乡土性。

2004年，由于扩充的需要，他在第一个工作室的边上，扩建了第二座工作室（2004—2005）[③]，这次他采用了"U"形的平面布局和全新的混凝土结构，无论是内部布置还是外部形态，都体现了比较强的现代性，同时，原真材料性的表现让这座房子看起来十分自然，亲切舒适地融合在乡村环境中。这座房子，卒姆托同样强调了庭院的重要性，在有限的土地上争取最大的庭院空间。步入这座小院儿，感受到的只有自然和亲切。

2012年，他开始建造第三个工作室（2012—2014），这个房子距离前两个工作室远了一点，在路的另外一侧（其实也不到100米），位于村子的中部。这次采用了非常轻巧的构造，细细的木质杆件和精美的玻璃，外面是可以落下的遮阳帘，整栋房子显得十分轻盈和精准，淳朴并不失科技感。与前两栋房子相比，第三座工作室显然融入了更多的时代感。

卒姆托的三个工作室如同三部曲，每一部差不多相隔近十年，可谓十年磨一剑，三栋房子在观念上的延续，在建造上的差异，表达了不同的时代特征，体现了卒姆托关于乡村有机更新的思考。30年的缓慢更新也体现了他对于一个乡村生长的态度和思考，认真和谨慎，细心和坚持。这种甘于寂寞、耐心坚守的性格正是当今国内乡村建设领域最缺乏的一种精神，也是一种匠人精神，抛开尘世的浮躁，耐心地做好一些看起来似乎很小，但却很不平凡的事情（图3-3~图3-6）。

卒姆托最负盛名的作品是位于瑞士小山村瓦尔斯的温泉酒店（1994—1996），关于这个酒店的论述已经有上百篇论文。本书更加关注这个小项目介入之后对小村庄产生的作用，这也是本书后面要探讨的微介入规划的作用。如今这座小山村每天都迎接着世界各地游客的参观和拜访，很多建筑师不远万里来这个小乡村里洗一次温泉，更加有意思的是这座小村里如今建造了很多新的现代建筑，几乎成了现代建筑的一种集群设计，其

① 彼得·卒姆托作品. 新工作室兼住宅 [J]. 世界建筑, 2007（04）: 31-34.
② 托马斯·杜瑞斯等. 彼得·卒姆托1985-1989 [M]. 谢德格和斯皮斯, 2016: 15-33.
③ 彼得·卒姆托作品. 卒姆托工作室 [J]. 世界建筑, 2005（01）: 34-43.

中不乏汤姆·梅恩（Thom Mayne）、安藤忠雄等很多国际著名建筑大师。这个项目自然给瓦尔斯带来了很多的益处，更多的人愿意住在这里，拜访这里，关注这里，使这个不大的小村子成为瑞士著名的旅行目的地之一（图3-7～图3-10）。

图3-3　卒姆托1986年竣工的1号工作室
（来源：笔者自摄）

图3-4　卒姆托2005年落成的2号工作室
（来源：笔者自摄）

图3-5　卒姆托与2017年落成的3号工作室
（来源：笔者自摄）

图3-6　卒姆托（左1）和他的私人小花园
（来源：笔者自摄）

图3-7　卒姆托设计的瓦尔斯浴场
（来源：笔者自摄）

图3-8　很多著名建筑大师参与的酒店设计
（来源：笔者自摄）

经验与态度
欧洲大师的执着守望　　95

图3-9 瓦尔斯乡村中新
建的现代住宅
（来源：笔者自摄）

图3-10 多年后卒姆托在
瓦尔斯新设计的桥
（来源：笔者自摄）

1.2 有机更新：斯诺兹（Snozzi）的30年坚守

路易吉·斯诺兹（Luigi Snozzi）是瑞士提契诺学派（Ticino）^①的代表建筑师之一。

---

① 提契诺（Ticino）是指瑞士南部的一个州，处于阿尔卑斯山地区，流向意大利北部伦巴底平原的提契
诺河及其河谷地带，这一相对独立的区域形成了自己独特的建筑文化。这一学派的建筑师大多毕业于
苏黎世瑞士联邦高工（ETH），他们接受现代主义的理性观念和先锋精神，在对现代主义反思的基础
上，通过本土的文化和工艺来表达建筑的地域性。代表人物如瓦契尼（Vacchini）、加尔斐蒂（Aurelio
Galfetti）、博塔（Botta）等。

斯诺兹强调环境的重要性：一方面，环境作为基本出发点来控制建筑空间的塑造；另一方面，建筑的场所精神对环境进行有效的干预。他的作品很多是位于山区的小房子，这些小房子能够更好地诠释他基于环境条件的设计立场。对于乡村，他提出并坚持了一种有机更新的方法，并在瑞士的一座名为蒙特加拉索的小山村里进行了长达30年的探索与实践。

蒙特加拉索是位于提契诺州的农业乡村，在城市化进程中同样面临人口流失而导致的衰弱危机。传统的规划方式无法改变乡村没落的趋势，于是在1978年，村民集体投票否决了原来的规划，并采取了当时正在设计当地小学的斯诺兹的建议，他并不刻意地模仿传统的形式，而是用现代理性主义的手段去解决每一处环境问题，从而实现符合当地条件的"地域性"。他通过强化中心区域，提高中心小学、广场、教堂的公共性，提高乡村中心的密度来加强乡村的内聚力。他的规划废除了之前关于建筑退线和间距的要求，他用建筑设计的方法教会村民如何利用紧密的用地实现高品质的生活。斯诺兹的做法证明了传统规划设计方法在乡村的不适应性，但他同时也响应了城市化的一些要求，比如提高了乡村的公共交往能力，提高了生活的密度。他不拒绝任何形式的建筑语言，只对建筑的高度、体量进行限制，他保持了一些老房子的立面风格，比如原来的修道院，但他同时非常反对采用所谓的"历史符号"[1]，他强调采用现代理性的设计手段，体现了他关于乡村有机更新的思考：新的东西就是新的，不需要去迎合老房子做一些所谓的"协调"或"粉饰"。他说："我不是做古建保护，而是进行家园保护"[2]。斯诺兹的做法得到了当地村民的认可和支持，如今走在小镇当中，随处可见用清水混凝土构建的小的休息空间、车棚和廊子，这些小构筑物已经难以区分哪些是由斯诺兹设计的，哪些是村民自发建造的，体现了建筑师介入乡村之后带来的一些示范效应（图3-11～图3-14）。

斯诺兹在蒙特加拉索进行了持续30多年的更新和改造，通过不懈的有机更新理论研究进行乡村实践，他努力为村里的居民设计房屋，实现现代建筑设计对传统乡村的有机更新。对于乡村中的公共建筑，他采取了修缮与新建相结合的方式，体现传承与更新的结合；对于村民的个宅，则完全采用对环境、场所的理性分析，然后基于当地的历史线索和本土文化进行现代语汇的诠释。他的有机更新的规划方法和现代乡土建筑的设计手法都非常值得我国的乡村建设者来学习和借鉴。

① 蔡梦雷. 斯诺兹与蒙特加拉索 [J]. 建筑师，2006.12（124）：27-32.
② 肖毅强，杨焰文，叶鹏. 乡镇规划中地域性场所精神的塑造 [J]. 规划师，2010.11（26）：97-101.

图3-11 斯诺奇改造的社区中心
（来源：笔者自摄）

图3-12 改造后的修道院
（来源：笔者自摄）

图3-13 随处可见的混凝土棚子
（来源：笔者自摄）

图3-14 乡村中不断更新的混凝土建筑
（来源：笔者自摄）

1.3 融入自然：RCR的家乡事务所

2017年的普利策奖获得者是西班牙的RCR建筑事务所，拉斐尔·阿兰达（Rafael Aranda）、卡莫·皮格姆（Carme Pigemand）和拉蒙·比拉尔塔（Ramon Vilalta）于1988年在他们的家乡西班牙加泰罗尼亚地区奥洛特镇成立了RCR建筑事务所。他们的事务所为他们所熟悉和热爱的自然景观和本土环境所包围，在这样的环境里，他们的创作充满了自然的亲切感与人文情怀。从一开始默默无闻地为奥洛特小镇做规划，设计了完全融入自然的奥洛特体育场项目（2000），到如今成为奥洛特小镇的名片，将奥洛特传统的金属加工工艺推向了世界。

为了适应乡村中加工工艺不够精准的显示，RCR重点关注和研究钢板、有机塑料、玻璃等易于加工的材料，并且这些材料具有轻质易回收、对环境干扰小、原材料可再生等特点，利用这些新的建材，RCR在给予自然最少破坏的前提下令他的建筑更加融入自然。其中位于西班牙贝萨卢小镇的El Petit Comte幼儿园（2010）和位于自己家乡山野中的Les Cols餐厅（2011）便充分地展示了他们对于树脂玻璃管的理解，他们的设计如同自然环境中的一道锐利光影，既体现了创新，又展示了融合（图3-15、图3-16）。

除了新颖的设计，RCR非常注重现有乡村老建筑的改造与再利用，以及乡村建筑的有机更新。他们自己的工作室（2008）就是一座老Barberí铸造厂改造而成的，这解释了他们为什么热衷于耐候钢板的使用，因为这种材料便是本地的文化。同样是在奥洛特，一处既有建筑拆除后，他们将新的排屋（Row House，2012）通过"悬浮"的方式嵌

图3-15 El Petit Comte 幼儿园
（来源：铃木久夫
（Hisao Suzuki）摄影）

图3-16 莱斯考尔斯餐厅（Les Cols）
（来源：铃木久夫
（Hisao Suzuki）摄影）

入在两栋老房子之间，成了一体，体现了有机更新的设计理念。

他们为数不多的海外项目包括在法国西南部比利牛斯山脉中部的一个小村中改造的13世纪的军用城堡（2014），采用了极少的材料让古堡的风貌得以保留（图3-17、图3-18）。

图3-17 Barberí 实验空间
（来源：铃木久夫（Hisao Suzuk）摄影）

图3-18 法国军用城堡改造
（来源：铃木久夫（Hisao Suzuk）摄影）

2

日本大师的敬畏之心

尽管日本本土未曾遭受过外敌入侵，但作为一个弹丸之地的岛国，日本具有强烈的居安思危意识，他们对先进文化学习接受的能力很强，其文化也很容易受到外来文化的影响。日本接受外界新鲜文化的方式很直接，比如中文和英语都在日语用法中大量出现，但同时日本非常重视本国文化的传承与保护，在笔者调研的日本乡村中，大多都有传统工艺或技术的保护协会，政府也提供充裕的资金保障这些传统文化的传承和发扬。大家都知道金阁寺每几年要被重新建造一次，日本用这种方法保持制造金阁寺的技术和方法一直传承下去，在乡村中，他们同样保持木匠、石匠等传统技术，定期为这些匠人提供实践的机会。

作为一个高度城市化的国家，日本有限的平原地区已经塞满了城市街道和建筑。日本仅存不到5%的农民[①]，真正意义上的乡村也非常之少。因此，日本人非常重视这些弥足珍贵的国宝，作为一个人多地少、自然资源匮乏的国家，日本人非常珍视有限的自然资源，日本建筑师、艺术家更加谨小慎微地在乡村中开展实践，在日本建筑师的眼中，乡村等同于至高无上的艺术。

20世纪80年代，日本民间财团Benesse集团满怀激情地启动了濑户内海湾的离岛复兴计划——"家项目"（Art House Project）。这些小岛包括直岛、犬岛等乡村，这些乡村在日本工业化时期曾经非常繁华，然而随着乡村工业化时代的结束，这些小岛开始凋敝，老龄化、空心化的情况非常严重。Benesse公司总裁福武总一郎希望通过建筑与艺术的介入带动这些乡村的复兴与辉煌，他信心满满地表示"我要让直岛成为享誉世界的自然与文化之岛"，[②]并且邀请安藤忠雄、妹岛和世、西泽立卫、藤本壮介、隈研吾等日本最为知名的建筑师参与他的乡村复兴计划。

---

① 罗德胤. 我所经历的乡村实践［J］. 城市环境设计，2017.05（108）：27-32.
② 王国慧. 直岛的当代营造法式［J］. 公共艺术，2013.07（29）：29-35.

2.1 敬畏之心：安藤忠雄（Ando）的融入乡村土地

安藤忠雄历经20年的时间，在濑户内的直岛设计了一系列艺术馆建筑，并且逐步地完成，在这座面积不及8.13平方公里，人口不足4000人口的小岛上逐步开展了一系列的建筑与艺术的实践活动，作品包括贝内斯之家美术馆（Benesse House Museum，1992）、贝内斯长圆之家（Benesse House Oval，1995）、南寺（直岛·家计划，MINAMIDERA，Art House Project in Naoshima，1999）、地中美术馆（Chichu Museum，2004）、贝内斯之家海滩公园（Benesse House Beach/Park，2006）、李禹焕美术馆（Lee Ufan Museum，2010）等项目，由于安藤忠雄长时间持续地在这座小岛上进行建筑实践，所以这种小岛也被外界戏称为"安藤岛"。通过这些项目的设计，安藤忠雄得到的最重要的结论便是："不要去破坏自然的地形及周围的自然风景，应该利用其原有的地形去做你的建筑设计"[①]。他所有的设计都非常谦虚地隐藏在环境当中，几乎不对环境和地貌产生影响，甚至于在地表，几乎看不到什么房子，他将所有的项目都设计成"地下建筑体"。同时，我们可以注意到，这些项目不是在一次规划中完成的，而是前前后后消耗了差不多20多年的时间，无论怎样的设计大师，他们对于乡村都采取了慢慢细致雕琢的方式，渐进地发展，有机地更新。相比我国乡村的几年大变样，各种绩效工程的立竿见影，是完全不同的认知与理解（图3-19、图3-20）。

图3-19 低调的地中美术馆
（来源：笔者自摄）

图3-20 消隐的李禹焕美术馆
（来源：笔者自摄）

---

① 安藤忠雄，李曼曼. 与时间共同成长 [J]. 建筑学报，2011.06：1-5.

如今的直岛已经成为艺术家们聚集的场所，包括草间弥生在内的很多日本著名的艺术大师在这里完成了设计作品或者进行了作品的展示，赋予了这座原本已经荒芜的小岛新的生命力。

2.2 崇尚乡村：妹岛和世（SANAA）的乡村艺术殿堂

妹岛和世同样参与了直岛的一些设计，包括直岛码头等小房子，依旧采用十分轻盈与透彻的语言。但他们更多的设计位于犬岛，这是一座更加小的岛屿，官方统计2012年岛上常住居民只有50人，平均年龄75岁，是一座空心化、老龄化十分严重的岛屿。妹岛和世的"犬岛艺术之家项目"便在这个仅有0.54平方公里的小岛上启动了。2010年开始，妹岛和世与艺术家长谷川佑子合作开展了犬岛艺廊项目（Inujima ArtHouse Project，2010）同年完成了F、I、S艺术之家（F Art House，I Art House，S ArtHouse，2010）和中之谷东屋（Nakanotani Gazebo，2010），随后又新建了A、C艺术之家（A Art House、C Art House，2013）。这些结合旧建筑更新的小建筑分散在小岛上的各个角落，作为展览场所，将艺术的体验带入项目。在设计风格上，妹岛和世采取她特有的轻盈、通透的特点，将这些建筑与自然景观融为了一体，采取了轻建筑的策略。这些轻建筑屋顶轻薄，维护结构为高透的亚克力板材，柱子细到和竖梃融为一体，做到了极致，在这样的屋子外，你会觉得这些轻建筑就是展品。在这样的屋子里，一览无余的乡村成为了展品。犬岛艺廊和S艺术之家将这个特点发挥到了极致（图3-21、图3-22）！

图3-21 犬岛艺廊
（来源：笔者自摄）

图3-22 S艺术之家
（来源：笔者自摄）

3

我国台湾学者的社区共情

台湾是一个研究大陆乡村文化问题的"理想模型"。首先台湾人与大陆人同根同源,文化背景非常接近。其次从地缘方面看,台湾是一个岛屿,面积不大,政府的各项政策起效较快;从血缘方面看,台湾没有很强的历史遗传脉络,适合研究人口流动状态下的乡村文化问题;从业缘方面看台湾乡村的农耕面积非常有限,农业对于全岛有着重要的支撑作用,因此保持有机农业的发展对于台湾非常重要。因此,台湾构成了一个城市化进程中研究乡村社区发展的理想模型:人口的多样性、文化的多元性、产业的原生性。

3.1 在"田中央":黄声远始终不变的宜兰坚守

黄声远是台湾在地建筑师的杰出代表,毕业于耶鲁大学的他回到台湾,没有选择繁华的都市,而是将自己的事业选择在了台湾最小的农业县宜兰,并把他的全部事业都限定在30分钟的车程内,以便能够随时掌握他的每个项目,伴随其成长。由于一开始他的工作讨论都在田地边、地埂上,他给自己执掌的事务所起了一个非常贴切的名字"田中央"。

和大多数的建筑师不同,黄声远的实践项目大多不是来自于业主的委托,而是来自他自己在当地的寻找与观察,也就是"看到哪里不对劲,就想这里是不是可以改一改"[①],他就会去找相关的人和组织部门谈,提出他的想法,通过民众的参与、社会力量

---

① 吴中平. 作为一种"行动"的地域性 [J]. 南方建筑,2014.05(163):89-93.

的组织和与政府部门的沟通来实现自己的项目，20年的实践他面对了很多次的碰壁与无奈，但同样基于他对于一个地方的熟悉与理解，成就了一大批优秀的、基于民众利益的在地性建筑。为了要满足村民、业主的各种要求，黄声远的设计充满了各种的复杂性和适应性，成为一种在地生长的状态。

为了能够快速地介入乡村，黄声远早期的设计很多是农业生产的建筑，例如1994年开始设计的礁溪桂竹林养鸡场（1996）、礁溪桂竹林养护院（1999）等。为了改善区域的社区环境和生活品质，他的很多建筑项目是很小的场地、棚子或者连桥，例如礁溪桂竹林篮球场（1995）、葱蒜棚（1999）、西堤屋桥（2001）、杨士芳纪念林园（2003）、冬山河水门桥（2004）、生活廊带（2004）、丢丢当森林（2007）、樱花陵园入口桥（2008）、津梅栈道（2008）、樟仔园（2009）、几米广场（2013）等，其实他最为出名的建筑罗东文化广场（2012）[①]，也是一个公共大棚的概念，在他的设计里体现的是对公众的呵护与关爱（图3-23、图3-24）。

为了延续地方的文化与记忆，黄声远大多数的项目都是采取改造和整治的策略，也包括他自己的事务所田中央水田公社（2011）。他的改造不限于房子，也包括道路、绿地、市政设施等。他的设计不拘泥于红线、范围等建筑设计的条条框框，他只为宜兰的土地而设计。

图3-23　田中央水田公社（既有建筑改造）
（来源：引自田中央工作室网站）

---

① 黄声远. 罗东文化广场 [J]. 新建筑，2013.02：20-23.

图3-24　罗东文化广场
（来源：崔愷 拍摄）

　　现在，他的20年来点点滴滴的努力，已经让宜兰附近的乡村充满了黄声远的痕迹，他给我们最大的启示是一种在地性的坚持与耕耘①，对每个项目长时间的坚持修正与陪伴②。

①　周榕. 建筑是一种陪伴 [J]. 世界建筑，2014.03：74-81.
②　罗时玮. 当建筑与时间做朋友 [J]. 建筑学报，2013.04（536）：001-007.

3.2 甘当"水牛"：陈永兴俯首耕耘的后壁土沟

陈永兴是一位台湾的建筑师，离开象设计集团之后，回到台南的陈永兴成立了水牛事务所，于是开始了台湾后壁土沟村里的十年驻扎。他和他的学生们成了这个村子中的一员。通过长期的驻守，他们帮村里人做事，也渐渐取得了村民们的支持，并带动村民将闲置的猪舍改造成了"乡村客厅"，甚至自筹资金为村里添置了乡村图书室等小项目。

陈永兴是一位真正扎根在乡村里的建筑师，差不多用十年的时间去完成了一个乡村的公共参与规划。他将乡村视为艺术，开展了土沟农村美术馆活动，将整个乡村都看作美术馆，他的学生们的画和村里老人的画在活动期间售卖，在成功举办多次之后，美术馆活动已经不再需要政府资金，靠付费及卖画就可以达到收支平衡。在他的影响下，他的一些学生毕业以后放弃了去大城市打拼，而是留在这个小乡村里开始了自己的创业，一些小创意工作室已经做得有声有色。如今，不起眼的后壁土沟每天都能迎来很多的城市过客。他们或三五人骑着自行车到乡村体验生活，抑或一家人驱车到这里感受乡村艺术的魅力（图3-25、图3-26）。

陈永兴将自己的方式总结为"建立开放的平台，持续的农村活动，积极参与社会，创意生产的群聚与整合。"他非常强调乡村里的设计应该非常小心，"如果创造过快反而会造成灾难性的后果。"① 他在大理的"文化引领下的乡村建设论坛"上，感慨大理快速发展的同时也表达了对周边乡村聚变的遗憾。

图3-25 陈永兴用猪舍改造的乡村客厅
（来源：笔者自摄）

图3-26 陈永兴与他的水牛书店
（来源：笔者自摄）

---

① 陈永兴. 向南方学习 [J]. 城市环境建筑，2016.04（100）：152-153.

3.3 做"潮间带"：陈育贞一点一滴的社区营造

陈育贞是台湾大学建筑与城乡研究发展基金会宜兰分会的会长，也是台湾社区营造、参与式规划方面的代表人物，他们的工作方式就是深入乡村，了解民意，沟通政府，激发社区文化，促进乡村的发展。因此，陈育贞女士称自己的工作是政府与民间的"潮间带"。

陈育贞选择了宜兰后埤镇壮围乡，一个被放弃的贫穷渔村。2011年，陈育贞通过"宜兰社区规划师辅导计划"结识了后埤社区的总干事张永德，并辅导该学员落实"居民参与"规划。他们组织村民一起谈话，聊这里的历史，聊这里的故事，组织他们一起勾画对这个乡村的记忆，创造共同劳动、共同参与的"共食共作"的嗜好[①]，经过不断努力，他们在很少的资金投入下完成了长辈候车亭（2011）、漂浮舞台（2013）、长青食堂（2014）、盐化田改造（2014）、百岁学堂（2014）等，这些建设都非常小，多数甚至谈不上是建筑，然而却非常实际地改善了乡村的环境，不仅如此，陈育贞的社区营造最重要的是改变了乡村人们的精神风貌，让他们恢复了信心，走出了阴霾，成了自己家园的真正主人。

陈育贞的每一项工作都很小，也都很慢，因为她的每一项工作都体现着民众的参与与社区文化的激发，她也是真正完全以文化趋力改变乡村的设计师。她的实践非常清楚地证明了文化引导对于乡村营建的重要作用（图3-27、图3-28）。

图3-27 陈育贞女士讲解壮围乡更新规划
（来源：笔者自摄）

图3-28 宜兰后埤镇壮围乡长辈候车亭
（来源：笔者自摄）

---

① 陈育贞. 从苍凉地景到筑梦家园 [J]. 世界建筑，2015.02（100）：27-28.

4

启示：谨慎以致长，耐心以致远

    无论是西方还是东方建筑师，他们选择扎根乡村的方式都是长达十年以上的坚守，并且带着一份尊重、谨慎、珍视的乡村建设价值观，执着于细致的、精心的本土材料运用和建构方式的研究。在地陪伴几乎是他们所有乡村设计师的选择，卒姆托、RCR，更是直接地居住在乡村中，寻觅各种机会，实现一点一点地改变。

    其实结合第一篇的历史研究，我们不难看出在1800年以前，中国的乡村也是缓慢生长的，培田村的2座书院、6所学堂，松塘村4座私塾都不可能是一两年间完成的，毕竟是有机生长的过程，纵然是衰败的过程，也竭尽百年沧桑，亦非朝夕之间。所以谨慎以致长远，是乡村建设不得不坚守的原则。而中国历史上的乡土建筑，大多细致精美，木雕、石雕等艺术精品层出不穷，显示了历史上曾经的精心与细致，对房屋设计和施工无比的耐心。

    其实我们今天向欧洲大师、日本大师所学习的，无非原本也是我们自己几千年来的精神，只是近代国家遇到了极大的波折，我们不小心丢掉了。捡起这份传统并不容易，因为我们先要认清、看准，然后才能在日后的生活里娴熟地驾驭。不巧的是我们现在处于一个急躁的时期，这里面的原因林林总总，不加赘述，但是越是大环境急躁，我们就更加需要将乡村改造的步子放慢，搞清楚到底要什么，到底干什么，到底是什么。否则，在这个急躁的时代过后，我们还要花双倍的时间一点一点地补偿。

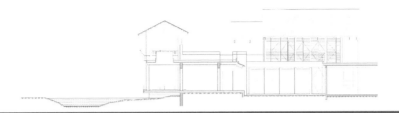

第四篇

方法 / 与 策略

谈乡村的复兴，首先要考虑文化的复兴与修复，至少是价值观与态度立场上的一致，然后才能考虑如何进行乡村建设。我们需要建设一套从文化、到规划、到景观和建筑具体设计的完整一套设计体系。而这个体系推进过程中，需要时刻保持清醒和准确的文化认知。

1

"四缘" 构建文化价值观

经过之前的分析总结，当下乡村建设不佳的主要问题源于经济失衡、文化失序、管理失准和策略适当四个方面的主要因素。从本质上说，管理是一种文化[①]，技术也是一种文化[②]，因此，乡村文化的失序直接影响乡村建设相关的管理和技术策略。

乡村建设情况是一定时期乡村文化的体现，认真反思乡村建设的各种问题，都和当下的文化发展问题密切相关，这些年来，乡村调研过程中最深刻的体会是：每一种乱象的出现都可以追溯到文化问题的根源。只有在有生命力的乡村文化引领下，人们才会理解乡村、热爱乡村，像呵护自己的家园一样建设乡村。传统村落证明了传统文化的强大与感染力，台湾地区引以为豪的乡村社区营造证明了新文化的能量，无论是传统文化还是新的社区文化，都证明了文化在乡村建设中的引领作用！但是，在经济建设的大潮中，我们常常忽视了文化的引领作用，以致产生了如此多的问题。

文化发展是一个潜移默化的过程，也是一个继往开来的过程，在良好的新文化开始发展之前，如何继承和发扬过去文化中优秀内容是非常关键的举措，因此，首先乡村建设者应该认识到传承乡村传统文化的重要意义。

1.1 乡村文化的构建因缘

传承优秀的乡村传统文化，首先要搞清楚优秀传统文化的构建因缘，知其如何构

---

① 彼得·德鲁克. 管理 [M]. 辛弘译. 北京：机械工业出版社，2010：3-15.
② 张明国. "技术-文化" 论 [J]. 自然辩证法研究，1999.06（19）：15-29.

建，国家认可的历史文化名村是乡村优秀传统文化和风貌的经典代表，本书选取36个第一批、第二批中国历史文化名村的成因进行了归纳和整理（表4-1，更多整理见附录B），并将其文化和风貌的成因归纳成地、血、业、情四个方面的建构因素，发现这种方法可以简单地把握乡村优秀文化内在的一些构建规律，从而让乡村建设者在面对复杂的乡村文化问题时，找到合适的突破口和切入点。

第一批国家历史文化名村的特色文化和风貌的构建因缘分析　　　表4-1

序号	名称	地	血	业	情
1	北京市门头沟区斋堂镇爨底下村	京西、山地古驿道、远郊	韩	商品交易及客栈，中华人民共和国成立后转为农耕，现代为京郊游	村民共同保持古村特色，京西文化传播
2	山西省临县碛口镇西湾村	黄河湫水河、黄土高原	陈	码头、晋商商帮	共同古镇经济复兴、古渡口的繁荣与再复兴
3	浙江省武义县俞源乡俞源村	江南地区、交通枢纽	俞李董	浙商、官宦返乡、农耕	共同古镇文化复兴、共同古建筑保护与发展
4	浙江省武义县武阳镇郭洞村	江南地区、三面环山	何	官宦返乡、农耕	共同营造山村特色、传播中国乡土文化
5	安徽省黟县西递镇西递村	徽州地区、山水环绕、田少贫瘠	胡	徽商、农耕	共同维护世界文化遗产
6	安徽省黟县宏村镇宏村	交通要道	汪	徽商、农耕	共同维护世界文化遗产
7	江西省乐安县牛田镇流坑村	江西盆地、土地肥沃、赣江支流、乌江流域	董	外出经商、官宦返乡、农耕	富商族人参与宗族管理文化：与宗族组织交错，如文会、理学"圆通会"、竹木行会、"木纲会"等
8	福建省南靖县书洋镇田螺坑村	福建、山区	黄	农耕、手工业	共同保护客家文化遗产
9	湖南省岳阳县张谷英镇张谷英村	湖南、山区	张	农耕、官宦返乡	共同维护田园乡村风貌
10	广东省佛山市乐平镇大旗头村	广东、水网密布	郑钟	农耕、官宦返乡	共同保持山水格局
11	广东省深圳市大鹏镇鹏城村	山势地势险恶、环境恶劣、设海防所	军屯杂姓	军事	共同保护卫戍文化
12	陕西省韩城市西庄镇党家村	泌水河沟谷、黄土高原	党贾	经商、农耕	共同申请世界文化遗产

（来源：笔者组织编制）

说明：第一批历史文化名村都是国家认可的优秀文化名村，地理位置都很有特色。血缘上11个为氏族村，仅1个因军屯形成而杂姓。业基本以农耕为主。当下人文风貌，民情良好。

与西方强调个人的存在不同，中国人更多地活在人与人的关系里，也就是我们所熟知的伦理社会。费孝通指出中国人文化观念里的是以自我为中心的"差序格局"看待社会关系①；梁漱溟认为中国文化的要义在于建立在个人与家庭之间的"伦理本位"②；而台湾学者孙隆基认为中国人"只有在二人的对应关系中，才能给任何一方下定义"③——讲伦理是中国乡土文化区别于西方文化的重要特征，这些伦理关系，也就是人们之间的社会关系，或者称为"缘"际关系，因此，我们将前面总结的地、血、业、情四个方面的因素定义为乡村文化的四缘，通过正确认识和理解四缘，形成尊重和发展四缘的乡村文化价值观，是走向成功的乡村建设的第一步。

费孝通在《乡土中国》中专门论述了中国乡土文化中地缘和血缘，提出"血缘是身份社会的基础，地缘是契约社会的基础"④，这些共同构成了中国乡村的"熟人社会"。日本学者清水盛光在1939年撰写的《支那社会的研究》中，将中国村庄分为地缘性村落和血缘性村落。除了地缘和血缘，晚晴名臣曾国藩在用人方面强调人的"三缘"，即地缘、血缘和业缘，以其为核心的湘系政治集团和军队带有浓郁的湖南地方文化特征。自古以来，业缘就是中国乡土文化的重要社会关系。中国人讲"安居乐业"，村是用来安居的，而乐业才能确保一个乡村的发展和存在。大多数中国乡村以农耕为业，从而产生了繁盛的农耕文明，比如农村这个词，就是直接用农耕产业来定义乡村，除了农村还有渔村、牧民村、军屯村、采石村、采矿村……到了近现代又出现了淘宝村、互联网商务村等新的乡村业缘关系。地缘、血缘、业缘是中国传统乡土社会结构的基本构建方式，其驱动乡土社会发展的文化作用在于"共情"，也就是说大家不论是同乡、同族还是同业，都是为彼此和谐相处设置的"情感基础"，那么近代随着社会变迁和人口流动，不依赖于地、血、业的感情变得越来越重要，中华人民共和国成立后为了促进农村发展，对于农村安置居民，进行了基于共产主义、爱国主义、集体主义的农村社会主义改造，创造了中国农村新居民之间的共情。近年来，在宝岛台湾，社区营造运动也促进了来自五湖四海、各行各业的新社区居民之间的共情。因此，在乡村组织结构不断多元融合的近现代社会，一种可以由地、血、业派生并升华，或亦可以直接在"集体"或"社群"中引导发展的"情缘"孕育而生，成为乡土文化的构建因缘之一，也是最核心的内容。

另一方面，从农耕文明的角度也可以理解四缘价值观，农耕的"农"，即农业，也

① 费孝通. 乡土中国 [M]. 北京：中华书局，2013：29-40.
② 梁漱溟. 中国文化要义 [M]. 上海：世纪出版集团，2005：70-79.
③ 孙隆基. 中国文化的深层结构 [M]. 广西：广西师范大学出版社，2011：12-19.
④ 费孝通. 乡土中国 [M]. 北京：中华书局，2013：100-109.

就是大家在一起生活所需的产业，即业缘，可以扩展到农林牧副渔和乡村手工业；农耕的"耕"字，说明了人地关系，人对地的生产和改造，和生存地的基本不变，也就是地缘；农耕文化的地缘和业缘非常稳定，从而产生稳定的血缘，用以进行制度管理，组织协作和分配；在满足基本生活之后，村民通过耕读或者外出经商，报效国家或者经商从政，争取人生更大的收获，但最终还是要落叶归根，荣归故里，这便是对家乡的情，带着这份情，他们会返回老家，修宅立院，光宗耀祖。在历史文化名村中，还有一些乡村的形成是靠军屯戍卫、渡口驿站、宗教信仰等原因形成的，这种不依赖与血缘和农耕的乡村产生的是为了共同理想的情谊，也构成了乡村传统文化的情缘形式。到了近现代，战争、灾荒、迁并、政治等原因使得很多乡村迁移拆并，其通过集体主义、社区营造等方式重新产生共情，形成了更高形式的情缘。

综上，中国的乡村文化，是以地缘为基础，以血缘为纽带，以业缘为导向，最后凝聚为情缘，形成了独具亲情伦理的"熟人社会"。这种基于农耕文明的乡土文化构建因缘为中华文化所特有，具有很强的本土特性。

1.1.1 地缘是乡村文化构建的基础

地缘，是指由地理位置上的联系而形成的社会关系，是各种不同文化特征与发展的基础所在，是一个乡村最为基本、最为稳定的属性。并且对乡村的业缘、情缘也有着深刻的影响，是乡村发展的基础。在我国的乡土文化中，因为农耕文明根深蒂固，人们在上千年的文化历程中将地缘关系不断地强化和放大，形成了更加强烈的地缘价值观，相较其他民族的文化，中国乡土文化更加强调对于家乡的眷恋，对于自我成长地缘的认同。由于中国地缘辽阔，国家统治相对稳定，因此在中国社会老乡会、同乡会非常之多。在国家政治体系中也常常出现类似于浙东集团、淮西集团这样的基于地缘的感情同盟，因此，地缘在中国文化中是被放大化和感情化的，这种放大化只有在历史优秀的大国中才能出现，而中国正是这样的一个国家。

我国自古地理区域文化研究中就有"东西""南北"之分，比如岭南文化、江南文化、西域文化、塞北文化、浙东文化等。不同文化在不同地域上的形成和发展构成了文化的特点，形成了风貌的特色。这种特色是从土地生长出来的，不可替换或复制的。对于乡村文化和风貌，基于地的影响非常之多且明显，比如气候条件、地形地貌，以及影响力不断在上升的城乡之间的关系，这些客观的存在成了乡村文化产生和发展的客观条件，这些条件基本上是稳固不变的，制约其他因素的，因此，我们称之为乡村文化构建的基础（图4-1、图4-2）。

图4-1 塞北牧民的生
活村落（额济纳牧区）
（来源：笔者自摄）

图4-2 江南的水乡生
活（朱家角古镇）
（来源：笔者自摄）

　　然而在乡村近现代的农村建设发展中，由于技术的发展和信息的共享，地缘重要性
正在渐渐被忽略，比如保温材料改变了墙厚，削弱了南北差异。再比如玻璃幕墙可以在
世界任何地方出现。这些现象使得特定区域内的地理特征得不到挖掘，乡村发展多不具
有自己的特色，甚至出现了一些张冠李戴、照搬移植外来文化的现象，比如国内乡村中
大量的小洋楼、罗马柱、徽派马头墙，这些做法没有根据当地的文化特征出发，忽视当
地文化的地缘构建，进一步加剧了乡村建设的乱象和趋同。

1. 乡土文化是对地缘的强化和放大

世界上各种文化都具备地缘特征，但是中国乡土文化对地缘有着更强的认同感。作为一个农耕文明为主的国家，中国人对土地有着很深的感情和依赖性，费孝通先生在《乡土中国》中一开始就用大量的篇幅描述中国人对土地的情有独钟。因此，相对稳定的中国乡土文化也一直依赖地缘发展。中国人十分看重"同乡"关系，在国外有唐人街、华人村，在国内的大学校园里有各种"老乡会""同乡会"，来自同一地区，哪怕是同一个省，都会有天然的亲近感。

我们在乡村调研时，地方干部或村民很喜欢询问我们来自哪里，一旦来自同省或者相邻省份，他们的眼光就会大放异彩，变得十分亲近，这一点，在山东、浙江、福建等省份尤为明显。

为了增进彼此的感情，他们还喜欢将地缘放大扩展，即便不是同一省市，他们会把感念继续放大，比如东北人，涵盖了三个省，甚至包括内蒙古东北部和河北唐山以北的地区，然后再通过闯关东和山东联系起来；再比如上海、江苏和浙江，都会因为共处江南而彼此亲近……除了地域的放大，人际网络可以放大，比如一方说自己是四川人，另一方便开始在自己的关系网中搜索所有与四川相关的人际关系，哪怕最后只是找到大学同宿舍某人的女友是重庆的……总之，通过地缘的强化和放大，是中国文化中彼此信任或加深情感重要的途径。

2. 乡土文化是对地域环境的自然应对

我国幅员辽阔，不同的地区对应不同的气候条件，这种差异在很大程度上导致了各个地方的生产技术与方式、经济类型、居住与生活模式以及思想观念等都有很大的不同，[①]便产生了不同的地域文化和乡村特征，人情风俗上呈现出南北文化差异，东西不同特点；建筑形态上也呈现出不同的应对，如南方遮雨、通风；北方保温、向阳；西部遮阳、防风沙；华南地区的居住形态多以聚居为主，长江流域则多散居等，[②]这些都是村镇风貌的主要成因，一个地方的乡村风貌的特色，必然是这个地方地域特点和地缘文化的体现。

---

① 吴一文. 文化多样性与乡村建设［M］. 北京：民族出版社，2008：12.
② 贺雪峰. 论中国农村的区域差异：村庄社会结构的视角［J］. 开放时代，2012.10：108–129.

3. 乡土文化是对地形地貌特征的反映

不同的地形地貌和自然环境本身就是乡村特色的一部分，而乡村建筑因地制宜，形成了不同的聚落空间和建筑形态。如依山、傍水、林中、田边、路旁，都导致村落风貌的特色，构建有当地特色的乡村特色文化风貌。同时，人们的生活方式也因地理环境的不同而不同，所谓"靠山吃山靠水吃水"就很客观地反映了地缘对人们生活方式的影响。因此，尊重地缘不能够对原有生活景象和地形地貌造成破坏。

4. 城乡关系作为新地缘引发文化变迁

乡村与城市的空间距离在城乡差距拉开以后，成为一种新的强有力的地缘资源。城市的快速建设和流行文化吸收涵化会对相近乡村的文化和风貌产生很大的影响。乡村离城市越近，这种影响就越大，距离城市较近的村镇在建设和发展方面都容易模仿城市进行，城镇化速度也较快，而偏远的乡村由于距离城市较远，传统的风貌文化保存也相对完整。所以产生城中村、城边村、城郊村的不同的风貌状态。

城乡关系作为一种新的地缘特征发挥了越来越重要的作用，其作用是一把双刃剑，一方面，靠近城市，乡村的发展机遇好，同时被破坏和湮没的可能性也就大；另一方面，远离城市，发展慢，但从文化和风貌的角度而言却得到了一定的保持和维护。

1.1.2 血缘是乡村文化构建的纽带

"千百年来，中国乡村的家族共同体是以血缘关系为纽带的"[1]，中国乡土文化是"熟人社会"的重要展现，这种熟人社会建立在血缘关系的基础上，并且进行了适度的扩展，在现存的村庄中，以某姓氏命名的村庄不胜枚举，在我们调查的大量村庄中，单一姓氏、两个姓氏的村庄占到五成以上，村民非常重视家族的传承，比如浙江富阳建华村的杨家，每年都要在祠堂里更新族谱图。血缘关系让村民彼此信任，让老者拥有威严和权威，这种家族社会的形式是我国乡村的基本社会结构。很多学者认为中国乡土社会是"皇权不下县"，也就是县以下的乡村治理完全依赖于民间自治，而这种自治的方法就在于士绅治理或者宗族治理，这种治理方式便是血缘社会重要的体现。当下乡村的血缘文化依然十分活跃，民间祭祖、祭祀活动非常活跃，特别是在安徽、浙江、福建、广东等地区，几乎所有的祠堂都烟火缭绕，在广东东莞南社村，一个村子里仍有烟火的祠

① 李昌平. "内置金融"在村社共同体中的作用 [J]. 农村金融，2013.08: 108–112.

图4-3　浙江富阳建华村的杨家族谱　　　　　图4-4　广东东莞南社村的宗祠、公祠分布
（来源：笔者自摄）　　　　　　　　　　　（来源：笔者自摄）

堂、公祠就有八九处之多（图4-3、图4-4）。

1. 以伦理文化构建的家庭血缘

伦理文化是中国文化区别于西方文化的重要表现。以家庭伦理关系为基础的乡土文化是中国传统文化的主要内容。这种长幼有序、男女有别的伦理文化在建筑空间格局上有很明显的体现，也直接影响乡村建筑的风貌特色、伦理文化的延续和演变，是乡村文化得以持续的重要基础，也是保护和延续乡村风貌的内在依据。另外敬祖祭先也是家庭伦理的重要方面，祖先的坟墓也是村民乡愁的重要元素，应予以妥善地保护。

现在乡村推行的"一户一宅"政策，实际上就忽视了文化的血缘构建，强行改变乡村原有的血缘发展关系，造成乡村中"分户"成风，造成了乡村规划和发展的一些乱象，很显然，解决不平均的分配问题，简单的平均分配制度是不合实际的。

2. 家族、宗族关系构建血缘文化

家庭伦理文化继续扩大，外延形成了家族（或宗族）关系，中国传统的村落里宗族关系是最基本的社会结构。美国学者威廉. J. 古德（William J. Goode）在《家庭》（The Family）一书中写道："宗族特有的势力却维护着乡村的安定和秩序。"[1]家族元老或族长对于乡村的建设发展起到了至关重要的作用，家规祖制是维系村庄稳定与发展的规章制度。这些礼法制度不仅在文化是一种传承，也直接影响到了乡村格局，而且祭祀、祖庙亦是乡村中最早的公共建筑。

---

① 威廉. J. 古德. 家庭 [M]. 魏章玲译. 北京：社会科学文献出版社，1986：165-169.

家族和宗族是实现乡村自治的重要手段，也是在社区营造过程中，大陆乡村社会相比台湾、日本乡村的资源优势，借助乡村中血缘文化的修复，可以很快地实现社区文化的形成。例如本书将会介绍安徽汪村的实践案例，就是血缘在社区文化中发挥重要作用的案例。

1.1.3　业缘是乡村文化构建的导向

"安居乐业"是人们生活的核心内容，乡村稳定的存在需要"居"和"业"的稳定支撑。俗话说，"一方水土养一方人"，同一乡村中，居民往往从事同一行业，有一种趋从性。从事同样的行业势必形成同样的技能，传承下来形成特定的文化，如农业、种植业、牧业、渔业等，近年来还发展除了加工业、旅游业、物流业、电商、淘宝村等，不同的业缘会给乡村带来很大的变化。因此业缘是乡村文化构建的重要导向。

近代乡村的变革与业缘的改变有着莫大的关系，以往中国乡村的业缘主要是农耕、军屯或者驿站渡口，但是这些产业在不断地发生改变，特别是农耕不再需要大量人口之后，农村的问题就大量出现了。从某种意义上讲，城镇化的过程是"业"从农村到城市的转移。以往乡村依靠的是农耕为业，现在农耕所需的劳动力减少了，农村富余劳动力向城市转移，形成了农村人口的城镇化过程，因此现代乡村凋敝很重要的原因是业缘的改变。

在城镇化的大潮中，对于我们希望保护和发展的乡村，恢复其良好健康的业缘是非常重要的，因为没有产业就没有人，有了新的产业乡村才能发展，才有人气和活力。那么如何注入新的产业自然是做乡村规划和建筑设计要思考的重要问题，因为健康活力的产业将成为乡村发展的导向，而错误的产业缘注入，也将给乡村建设带来很大程度的影响。在过去很长的一段时间里，为了解决乡村就业，很多乡村曾经饥不择食地在乡村中引入了一些高污染、不环保的产业，这些产业的进入也使得乡村风貌受到了不小的破坏。这种以生态资源消耗换取利益的生产行为相当于饮鸩止渴，只会在日后付出更大的代价。

1. 共同的业缘衍生共同的文化

由于适宜的规模和范围，乡村产业经常发展单一的某种特色产业。比如种植同种作物、饲养同类牲畜、传承同种手工加工工艺。这种一村一品的产业模式增加了以个体为单位的产业竞争力，形成了一定的规模，利于村民之间的合作与交流，并且聚集了一定的创新和研发能力，使某一种产业能够持续发展。

在日本，很早就提出了一村一品（OVOP）的概念，有学者认为是日本大分县知事平松守彦在1979年提出[①]。抛开经济效果不谈，一村一品对于形成乡村特色是有一定作用的，但是同时我们也必须认识到，中国自然村落之多不是日本、韩国所能比拟的，一村一品的意义更多在于寻找适合本村发展的产业，不要盲从，也不是教条地追求与众不同。我们经常在调研中听到村干部说：某某产业隔壁村已经有了，要不要换一个。其实多村联合经营壮大规模是有利的，而特色应该更多的出在文化层面，才能真正做到产文相结合，形成良好的业缘。

2. 产业发展形成产业特征

不同产业对空间有不同的需求，也会形成不同的环境特色和建筑特色，例如以观光旅游为产业的乡村自然风貌方面一定会精心地呵护与设计，而以手工业为主的乡村则多会建设相对应的生产性建筑，产业建筑同样是乡村风貌的构成部分，也对乡村风貌产生重要的影响。当下乡村中的生产性建筑大多比较简陋，多为临时性的铁皮板房（图4-5、图4-6）。

图4-5　河北宣化观后村老村的葡萄架与民房　　　图4-6　福建德化蔡径村的陶瓷产业
（来源：笔者自摄）　　　　　　　　　　　　　　（来源：笔者自摄）

1.1.4　情缘是乡村文化构建的核心

情缘的概念既可以是地缘、血缘、业缘的升华，成为乡土文化中最核心的价值所在，也就是"熟人社会"的构成基础，也可以是与其他传统乡村文化构建因素平行的一

---

① 贺平. 作为区域公共产品的善治经验——对日本"一村一品"运动的案例研究 [J]. 日本问题研究，2015.04（179）：11-21.

种构建因素。这种因素主要存在于杂姓和多姓村中，大家为了共同的目标或者理想进入同一个乡村生活，比如军屯、戍卫、逃荒、守陵、宗教、信仰、交通运输等。

在现代社会，情缘变得越来越重要，由于现代乡村已经开始初步向社区转化，特别是在广东、北京、上海、浙江等发达地区，在城镇化进程中，乡村不断地被社区化，乡村中外来人口加剧，已经打破了过去单纯的地、血、业缘的社会形态和文化脉络，因此需要建立高于地、血、业缘的新文化构建因素。当下此类文化研究在世界范围内取得良好实践的便是社区营造下的社区文化，而这种文化的出发点在于"共情"，因此情缘的建设非常重要，要让生活在一起的、原本没有联系的人产生互相依存、和谐幸福的情缘（图4-7、图4-8）。

图4-7　广东东莞超朗村已经社区化管理　　　　　图4-8　上海彭渡村大量的外来人口
（来源：笔者自摄）　　　　　　　　　　　　　　（来源：笔者自摄）

1. 情缘是地、血、业三缘的补充和升华

传统乡土社会中，地、血、业三缘存在的目标都是在于促成人与人彼此之间的情缘。大家彼此寒暄，问籍贯（地缘）、问姓氏（血缘）、问出身（业缘），其实都是为了寻找共同点，从而促成彼此之间的情：同乡之情、同源之情、同道之情。如果这些一概没有，也不要紧，我们还有同文明、同信仰、同目标之情，大家还有共同的价值观、荣辱观。这种情缘在乡村发展的过程中很好地弥补了其他三缘衰微时的不足，在中国乡土文化中，"英雄不问出处""远亲不如近邻""职业不分贵贱"的思想体现了在共同目标和理想面前，中国人可以用更高的理想和谐统一在一起，而这个理想便是"天下"。

2. 情缘是乡村文化发展的最终理想

让乡村人民彼此有情，共情共生，是乡村文化建设的最终理想。台湾的社区营造可以说是基于地、血、业三缘都不明显的社区文化运动，这种情况随着社会人口流动性的增加，在中国大陆也会越来越多地出现，长远来看，乡村的社区化和多样化是大势所趋，因此，我们在强调和尊重地、血、业三缘，努力保持乡土社会特色的同时，也必须处理好人口的交融与新乡贤出现与原有乡村的融合，这种和谐所依赖的便是情缘。

1.2 重构乡土价值观

村民参与的第一步就是要树立信心，培养对自身文化的认同感。挖掘和恢复传统文化，构建新乡土文化势在必行。要找到每个村庄独特之处，加以传承和发扬，以文化的复兴和新兴文化的创新引领乡村发展建设。

1.2.1 尊重地缘特点，保持与山水环境和谐的文化观

《北京宪章》指出"现代建筑的地区化，乡土建筑的现代化，推动世界和地区的进步与丰富多彩。"乡村建设应充分结合当地的经济条件、文化条件和自然条件，建造在地的乡土建筑，实现地域文化的特异性与连续性。

我国自古讲究天人合一的哲学理念，也就是保持与山水格局相和谐。山水格局是择址建村的基础，体现了村民与自然长期协调融合的智慧，也是村民对土地深厚情感的载体。在做乡村规划和建筑设计时，尊重地理环境，让规划和单体融入自然山水环境中，才能造就有中国特色的、优美的乡村风貌。

1.2.2 借助血缘关系，恢复一定的伦理家风

社会伦理秩序是乡村区别于城市的重要特色，也是适应于乡村发展的本土社会结构。梁漱溟先生早在《中国文化要义》中就强调了伦理秩序的重要性，认为中国是伦理本位的社会。[1]发挥伦理秩序的作用，对于重塑乡村文化，提升文化自信有着相当大的意义。

---

① 梁漱溟. 中国文化要义 [M]. 上海：世纪出版集团，2005：70-79.

通过传承中国传统的家庭伦理，纠正以往一户一宅所造成的家庭关系分解的弊端，提倡分户不分宅的几代同堂，然后逐代扩展的有机更新模式，以保持风貌的延续性。同时减少土地资源的浪费和房屋的常年空置，也有利于房屋的管理和可能的经营需求。

孝道是中华民族的传统美德，特别在当今乡村社会中，大量的留守老人需要被照顾和尊重，加强养老设施的建设，全社会关注乡村老龄化问题，也将促进青壮年对留守老人的关注，实现血缘情感的升华。

宗族是维系传统乡村共同体的最重要纽带。在宗族文化保留较好的地区，如徽州、岭南等村落，血缘文化的传承使得村民认真保护祖庙宗祠，并保持祭祖的风俗传统。保持一定数量的墓地用地，使村民能够实现扫墓祭祖活动，寄托对祖辈亲人的哀思，同样是实现乡愁记忆的重要举措。

1.2.3　推动业缘发展，从利益共享到文化共建

经济条件是乡村发展的物质基础，发展乡村特色产业，是提升本土文化自信、增强乡村凝聚力的重要途径。恢复和延续传统特色产业，如农业、种植业、手工业等，在此基础上结合乡村特色文化引入适合本地发展的新产业，如观光旅游、电子信息等，形成或强化村民的经济利益共同体，通过互助合作与共同的奋斗目标，实现精神文化的共建。

在调研的安徽歙县卖花渔村，全村经营盆景，家家户户养花种植盆栽，不仅村民实现了很高的经济收益，而且乡村风貌更加美丽动人，人们忙忙碌碌致富，建设和谐美好乡村。

1.2.4　促进情缘建设，营造和谐的社区文化

促进感情交流，造就亲密的邻里关系，形成和谐的社区文化，是乡村文化建设的核心目标。社区文化的概念与社区营造的理念密切相关，社区营造是借鉴于日本和我国台湾地区的一种自下而上的文化建设方式，适应最广泛的居住社区，包括城市居住小区和乡村。社区营造的方法通过唤起该区域居住群体之间的感情共识，从而促生社区文化，在共同的文化指引下，实现和谐的社区建设。例如台湾著名社会学者陈育贞女士，其工作方法是驻入乡村，与村民建立感情以后，组织村民一起回忆乡村里的事、乡村的历史。通过村民的描述，一起恢复一些小的景观和场景，村民一起画自己

的故乡，一起动手改造公共活动空间，通过这些活动，原本一些不来往的村民也成了伙伴，有了共同的情感，通过这种方式大大改善了村民的邻里关系，形成和谐的生活画面。

社区营造的核心便是情缘的建设，是地缘、血缘、业缘关系的全面提升，即便是新来的居住者，也可以通过参与社区营造很快地融入社区，成为社区的一分子，因此，情缘建设在当今社会非常重要，是乡村文化建设的行之有效的途径。乡建者与乡村、管理者与乡村、专家与乡村也都是情缘的结合。

1.3 "四缘"的价值

著名哲学家陈先达指出："一种文化的活力不是抛弃传统，而是能在何种程度上吸收传统、再铸传统。"[①]换发今天的中国乡土文化，就需要"'创造性转化'（林毓生语）或'转化性创造'（李泽厚语）或'和合转生'（张立文语）中国传统文化"，[②]也就是传统文化的现代化。上述哲学思想家都认为文化的活力在于创造性的转化，因此，发展健康的乡村文化首先是对过去优秀传统文化的继承。在我们的乡村中存在着很多优秀的文化基因，比如天人合一、效法自然、忠厚传家、孝悌为先、崇宗敬祖等。这些经验来自于千百年来的生活经验，中国人懂得以农耕为生活之本的乡村里，与大自然融合的地缘观念非常重要，同时也懂得维系稳定的血缘关系是彼此融合、相濡以沫的生存法则，为了安居乐业的生活，大家之间建立了深厚的情缘，这便是中国乡村的优秀传统文化。

1.3.1 重"四缘"，提升在地村民的文化自信和幸福感

前文分析了近百年来中国乡村文化的兴衰历变，城乡差距的不断加剧，乡村相对城市处于文化上的弱势状态。弘扬和传承乡村文化，让村民正确地认识自己的乡村文化，同时让乡村中的优秀文化受到全社会的广泛关注和认可，可以提升村民的自我文化意识，更加爱惜当地文化，以当地乡村文化为骄傲，增加自我满足感和幸福

---

① 陈先达. 当代中国文化研究中的一个重大问题 [J]. 中国人民大学学报，2009. 06：2-6.

② 邵汉明. 中国文化研究30年（中卷）[M]. 北京：人民出版社，2009：120-123.

感，恢复文化自信。复兴当地传统文化，是促使村民产生文化自觉、文化自信的有效方法。

事实上，我们调研的乡村中，很多村民并不了解自己乡村历史上瑰丽的文化，即便知道了也是觉得那些遥远的过去与自己毫不相干，要想生活得好，最好还是老老实实去城市里打工赚钱，地缘、血缘、业缘淡漠的同时，村民自己也失去了最为宝贵的财富。另一方面，我们在调研中国历史文化名村时，就能够明显感受到身居历史文化名村的村民充满了自豪感，这份自豪感也许并不来自某个瑰丽的村子，而是来自这个乡村的地缘和血缘的认可，或者说，是对于这个乡村优秀文化的认可。在这份认可的支撑下，村民便更加热爱自己的家乡。这份自信来源于国家对这个乡村历史文化的认可（图4-9、图4-10）。

我们在日本京都附近的乡村调研发现，日本政府非常注重对于地方乡土文化的挖掘，比如在宇治市白川地区的茶农，至今保持着手工制作抹茶的工艺，茶农传人以制茶手艺为自豪，也因此屡屡受到政府和社会的嘉奖和关注，既保持了良好的乡村风貌，又形成了其乐融融的人文景观。由于茶道的保护，日本乡村居民对于日式房屋的建构方式

图4-9 张灯结彩的安徽宏村民家
（来源：笔者自摄）

图4-10　筹备婚礼的田螺坑村民
（来源：笔者自摄）

也产生了广泛的认可，乡村风貌保持完好。由此可见，基于业缘的良好发展，保护和弘扬基于乡村地缘、血缘的优秀传统文化，特别有利于村民的文化自信和乡村风貌的健康发展。而最终自豪感与幸福感的形成，便是一个乡村中最为核心的情缘的生成，有了这份情缘，基于传统文化的新的邻里社区文化便形成了。

　　台湾同样对村民实施奖励政策，比如我们在池上乡调研时可以看见在一些农田里插着"种田能手"的标识牌，以鼓励那些高产的村民。可以看得出，在日本和我国台湾地区，对于乡村，特别是乡村里的个体——村民，各级政府都给出了很多的鼓励措施和方法，在这个地区（地缘），对继承传统（血缘）的生产活动（业缘）进行鼓励，增加其自信（情缘）。这些工作体现出他们在管理过程中，对乡村地缘、血缘和业缘的尊重，积极促成了良好的情缘（图4-11、图4-12）。

图4-11　多次受到嘉奖的日本绿茶文化传承人 　　　　　图4-12　日本典型的农村住宅建造
（来源：笔者自摄）　　　　　　　　　　　　（来源：笔者自摄）

1.3.2　尊"四缘"，促进物质和非物质文化遗产的保护

很多学者认为乡村是中国传统文化的本源和最后的保留地。传承乡村文化，加强对文化遗产的认识，使村民认识到保护自家乡村物质文化遗产和非物质文化遗产的重要性，可以有力地促进我们的文化遗产保护工作。这些遗产的保护，同样需要在尊重"四缘"的基础上开展工作。

乡村中的物质文化遗产包括传统院落、建筑、牌楼、塔、亭、井、窑、桥、古树、古塘等，非物质文化遗产包括传统工艺、民俗习惯、戏曲舞蹈、美术书法、方言传说等，这些物质和非物质文化遗产是乡村传统文化和风貌重要的组成部分，是承载历史、寄托乡愁的重要媒介。事实上，中国大量的优秀传统文化都源于或鼎盛于乡村，比如昆曲源于并鼎盛于江苏昆山绰墩山村、正仪古镇、千灯古镇，白鹤拳源于福建泉州永春五里街镇大羽村，汝窑瓷器源于河南宝丰县大营镇清凉寺村，皇家木作鼎盛于北京通州张家湾镇皇木厂村等。这些文化遗产通过不断地强化地缘特征，通过乡村的血缘传承和业缘发展，以及大家的团结一致才能保存至今（图4-13、图4-14）。

然而今天，这些宝贵文化资源所在的乡村同样面对城镇化的大潮，由于地缘、血缘观念的日趋淡薄，很多乡村在渐渐地消失或者遭受着建设性的破坏，大批的历史文化遗产在消失。重视传统文化，时刻保持对传统文化四缘的尊重与保持，给予乡村传统文化更多的尊重和思考，必将促进我国物质文化遗产和非物质文化遗产的保护与发展，留给后世更多的宝贵财富。

尊重地缘，就不会把房子到处搬走，所谓"异地重建"或者"照搬照抄"；尊重血缘，就不会任意改变村民的邻里关系和传统习俗；尊重业缘，就不会胡乱引进其他产业，造成破坏性开发；尊重情缘，就会形成对本地文化、本地遗存的共同保护意识。

图4-13　物质文化——江西大畬村南庐屋
（来源：笔者自摄）

图4-14　非物质文化——西浜村
昆曲文化
（来源：笔者自摄）

1.3.3　讲"四缘"，激发乡村社会村民自治和自立发展

　　乡村的社会结构是乡村发展中各种伦理秩序和社会关系。我国的乡村社会结构是历史发展过程中不断完善和积淀而形成的基于血缘的伦理秩序和基于团体情缘的"熟人社会"。一旦这种社会结构被破坏，乡村伦理关系将不复存在，人们之间便会转化成赤裸裸的金钱和利益关系。由此产生的乡村建设也将是各自为政、互不相让、各取所需、千奇百态的，同时，传统乡村社会中人情暖暖的人文场景也将荡然无存。

　　王先明在《近代绅士——一个封建阶层的历史命运》一书中对中国乡村社会中各种社会关系做了充分的分析和描述："身份、等级、品位乃至职业，同样规定着社会结构体系中不同地位的因素"[1]。当原有的社会关系被破坏，文化也随之改变，当然，现在不可能像封建社会那样继续保持等级关系和阶级对立，但是我们可以取其精华、去其糟粕，并以新时代的方式传承下来，比如李昌平提倡的内置金融[2]，就是通过让老人管钱，从而获得话语权，恢复长者为尊的社会秩序。将乡村社会中的地缘、血缘和业缘的观念保持下来，以新的姿态继续保持乡村文化特色的延续。

---

①　王先明. 近代绅士——一个封建阶层的历史命运 [M]. 天津：人民出版社，1997：33-41.

②　李昌平. 土地集体所有制、村社内置金融与农村发展和有效治理 [J]. 农业发展与金融，2010.08：25-28.

以熟人社会、血缘关系为基础的乡村社会结构是乡村文化的重要组成部分，也是我国乡村文化独具的特色。在我国悠久的历史长河中，乡村作为小圈子的熟人社会，通过士绅族长、乡规民约、亲情邻里等制度关系实现乡村自治，实现和谐共生，即便发展到当今社会，能人带头、长辈督导、望族引领在乡村发展中依然发挥着重大的作用。利用这种淳朴的社会关系和组织结构实现的乡村自治，可以在乡村发展中起到事半功倍的作用，而保持乡村文化的健康发展，正是维护和保持乡村自治的重要基础。在国内调研和项目实践中，我们依旧可以发现能人带头在乡村中的重要作用，长期相对稳定的环境中，村里人对能人有着清晰的界定，而且往往能人做什么事儿都厉害，会受到全村人的广泛认同，从而形成自己的威信和带头作用，他们都是维护乡村发展和乡村自治的重要力量。当前我国大部分乡村是缺乏"能人"的，这和青壮年离乡有很大的关系，也是乡村血缘、业缘被破坏的结果，这种破坏只能通过引入新的情缘来破解，也就是找寻新的带头人和新的产业。而新的带头人不仅仅是能人，还需要是能够融入乡村血缘的能人，新的产业不仅仅是产业，还需要是能够不颠覆乡村业缘的产业。这两个基本出发点就需要我们对新的能人和产业进行全面的评估与认真的分析（图4-15、图4-16）。

图4-15　广东省茶基村的老人节
（来源：笔者自摄）

图4-16　河南郝堂村的老人管理乡村卫生
（来源：引自李昌平论坛报告）

1.3.4　弘"四缘"，实现物质风貌与精神风貌的齐振兴

乡村风貌包括乡村的物质风貌，也包含乡村中的精神风貌，即乡村的人文生活风貌。传承乡村文化不仅可以在物质方面提升乡村风貌，同时，文化的传承、风俗民情的展现，也必将呈现出和谐美好的生活面貌。比如福建泉州的蟳埔村，乡村中对传统文化

的保护，不仅乡村中的地缘标志牡蛎墙被保护下来，妇女的头饰和衣式也被保护下来，成为一种血缘的传承，同样，村里人还喜欢玩一种跳跳牌的纸牌游戏，也成为乡村生活一种情缘的展现。蟳埔村在泉州的快速发展中，仍然能够保持特色地发展，体现了其文化在地缘、血缘、业缘上的强势与独特魅力，但仍需要全社会的关怀与"四缘"尊重（图4-17、图4-18）。

另一方面，文化的差异性，也会促成乡村风貌的差异性，从而形成有特色的风貌。例如江南水乡的匾额门槛，西北高原的锣鼓戏，岭南山寨的对歌声……原本就是美而不同的乡村地缘特征。每一地方的乡村风貌必然经历了不同的构建方式，因此不同的构建因缘便形成了不同的特色。万不可在地缘上张冠李戴，血缘上牵强附会，业缘上好大喜功，情缘上不管不顾。这一切道理看似简单，可是现实情况中，这样低级的错误却屡犯不止。

图4-17　福建蟳埔村的牡蛎墙面
（来源：笔者自摄）

图4-18　福建蟳埔村的鲜花头饰
（来源：笔者自摄）

1.4 "四缘"核验法则

"四缘"的概念提供了一个形成乡土价值观的基本立场，即尊重地缘，强化血缘，发展业缘，升华情缘，也就是乡村文化构建的四个基本方面。

"四缘"构建法的使用也很简单，就是"每做一件事都用四缘来核验"。比如有一户人家要盖房子，那么就看房子的建设是否满足地缘的特征，是否兼顾了血缘的传统，是否满足业缘的发展，最后是否有利于邻里关系，团结亲情的乡村情缘。如果真正理解了四缘的基本构建原则，那些盖小洋楼（破坏地缘）、张冠李戴（破坏血缘）、攀比跟风（破坏业缘）、各自为政（破坏情缘）的事情自然就不会发生。管理者们在处理乡村发展时，如何进行建设，如何实施管理，如何引进产业，如何处理矛盾也就都有了可以研判的基本法则：

地缘法则：符合本地习俗、地域特征、气候条件、地形特点等基于**在地**的准则。

血缘法则：符合伦理观念、乡风乡俗、家风家规、邻里关系等基于**传承**的准则。

业缘法则：符合传统技艺、当地资源、环保生态、造福后世等基于**发展**的原则。

情缘法则：符合集体利益、互惠多赢、团结一致、同乡共情等基于**和谐**的准则。

四缘检验法则是决策判断、行为检验、个人自省的基本依据，在乡村建设中应当始终保持的价值观念。不仅仅是决策者，还包括所有细节的主动参与者和被动参与者。

2

微介入规划

长期以来，乡村规划方法一直沿袭城市规划设计的体系，以总图或鸟瞰图来表达对乡村规划的成果。很多地方乐此不疲地一轮一轮做规划蓝图，但乡村的改善效果甚微，甚至出现了更多的社会问题。城市规划之所以在乡村水土不服，是因为乡村规划更多要基于生活在这里的生命个体，基于已经卷入规划当中的人的生活需求与精神需求，这和城市规划很不一样，城市往往是先规划，公民有权选择或者再选择，但是乡村是村民祖祖辈辈已经生活在那里，是对鲜活个体的规划……那就不能忽视现有群体的需求和文化传承，不能忽视地缘、血缘、业缘和情缘的任何一个方面的继承。以效率和功能为导向的城市规划方法并不能草率地限定相对稳定的乡村生活，其结果常常适得其反。因此我们需要一种与乡村文化传承相适应的规划设计方法。

2.1　文化修复与微介入

文化的传承与修复是一个相当长的过程，也是一个缓慢的过程。故此文化引导下的规划设计方式也是一个长期耐心的过程，这一个过程不是单一的物质改造，还包括对精神风貌的调理。通过对"统一新建"[①]的乡村调研不难看出，以往大量、快速的建设方式在乡村建设中明显水土不服。其原因在于"多和快"而造成的人性忽视，因此我们需要一种"少而慢"的规划方式，这个方式可以建立合理的信息反馈与修正，从而做到真正意义的"以人为本"。这种方法即是"微介入"的规划设计理念。

---

① 　见本书第二篇1.3.5节。

2.1.1 何谓微介入的规划方法

　　微介入的规划方法借鉴了中医针灸治疗的理论方法，认为村庄如同一个有机的生命体，村庄的各种物质存在如同机体的经络，通过对村庄机体"穴位"的修复和改造，即介入，来引起整个乡村经络和机体的反应，通过介入所产生的反应的分析和判断，来判断介入的有效性，从而进一步激发乡村发展。由于这种介入带有一定的试探性，因此，所介入的点或者说穴位应当尽可能地微小、轻微，如同针灸时的一个很小的针灸点，所以称之为"微介入"。微介入的规划方法是通过选择介入点（可能是一处房子，也可能是一处景观，甚至是某种设施等很小的项目），然后分析并推演对介入点实施改造或修复后，可能带来的系列反应，如果推演的大多数可能性有利于乡村发展，则对介入点实施设计方案，同时进行后续观察，如果效果达到预期则继续加强或扩大选点的介入，如果效果不能达到预期则终止介入点的投入而转向选择其他介入点。其过程包括选点、推演、实施或修复、容错、修正、开放式设计等全过程（图4-19）。

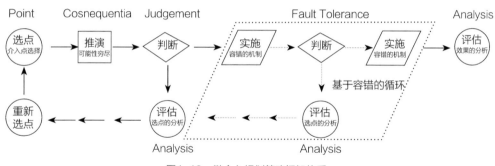

图4-19　微介入规划策略框架体系
（来源：笔者自绘）

2.1.2 渐进式规划理论与微介入规划方式的异同

　　20世纪五六十年代，美国政治、政策学者查尔斯·林德布洛姆（Charles Lindblom）提出了渐进式决策模式，颠覆了以往"理性决策模式"①，并且直接促生了渐进式规划的理论。从而激发并产生了渐进式规划的方法：其要旨不在于确定宏伟的目标……而只需要根据过去的经验、对现行的政策做出局部的边际性的修改，从边缘的改进最终趋向一

---

① 理性决策模式是指根据提出的问题，进行实际的科学分析和判断，从而解决问题的决策。

种整体的和谐。^①

在城乡规划研究领域，渐进式规划受到越来越多设计者和研究者的认可，这种方式避免了传统理论决策对发展过程中不确定因素的忽视，能够在实践过程中不断修正和改善从而趋向最佳的结果。与渐进式规划相比较，微介入方式更着重强调设计者的立场与态度，也就是着手点一定要微、要小，允许容错的可能性。近年来，渐进式规划理论也在发展完善，有的学者针对历史街区、旧城改造提出"小规模、渐进式"^②的方法，那么"小规模"同样是针对城市问题，相对乡村就显得太大了，笔者在某地调研时向当地干部建议采取"微介入"的工作方法，当地干部表示认同，反复强调"规模要小"，接下来说"我们只动30户……"，30户对于一个城市的规划而言，确实很小，然而相对于乡村，还是太大了。在乡村中，我们更加强调"微介入"，而不要嫌介入点太小，可以小到只有一个建筑，甚至于小到可以没有建筑，只是一个景观小品或者凉亭棚子。

渐进式规划强调从局部边际性修改，逐渐推进规划实施；而微介入规划旨在通过一个点的干预，产生自发地良性循环，其目标不同、尺度不同、策略不同。渐进式规划理论更加适用于城市、旧城改造、历史街区更新，而"微介入方式"更多是为乡村规划量身定制，具备更好的实用性。

2.1.3　参与式规划理论与微介入规划方式的关系

参与式规划理论同样产生于20世纪五六十年代，1969年，雅恩斯坦（Sherry Arnstein）在美国规划师协会杂志上发表了《市民参与的阶梯》（A Ladder of Citizen Participation），提出8种层次的公众参模式，按参与度依次为操纵、引导、告知、咨询、劝解、合作、授权、公众控制。1977年《马丘比丘宪章》提出要建立公众参与的城市规划："城市规划必须建立在各专业设计人员、公众和政府领导者之间系统的、不断地互相协作配合的基础之上"。1981年，哈贝马斯（Jürgen Habermas）的著作《交往行为理论》出版，提出"目的行为以及交往"^③的研究，为参与式规划提供了理论基础。

随着欧美公众参与规划以及后来的社区营造运动，参与式规划的方式也逐步成为社区营造的主要途径，在我国台湾，社区营造运动达到了前所未有的高度和水准，本书整理的台湾建筑师的实践基本属于这种实践方式，也就是社区文化激发下的参与式规划实

---

①　于泓，吴志强. Lindblom与渐进决策理论［J］. 国外城市规划，2000.02：39–41.

②　张斌图. 小规模渐进式改造在小城镇旧城更新中的应用［J］. 城市规划，2004.07（20）：81–83.

③　哈贝马斯. 交往行为理论［M］. 曹卫东译. 上海：上海人民出版社，2004：291–302.

践。参与式规划将使用主体带入规划设计过程，加强社区成员的责任感与共同认识，在乡村规划中起到了良好的作用。

与"微介入"方式比较，参与式规划强调的是规划行为的主体，侧重于过程导向；而微介入强调的是客体的选择，侧重于结果导向。这两种方式不存在概念之争，但切入点有所不同，参与式规划更加适合社会学、规划学层面的介入，而"微介入"适合建筑学、景观学层面的落地实践。两者可以互为补充，从而覆盖从主体认知到客体改善的全面提升。

2.1.4　反规划理论对微介入理念的借鉴关系

反规划的理念同样首先在规划领域为学者们所重视，其对城市规划的逆向思考，提出了保持自然生态的重要性。1969年，英国重要园林设计师麦克哈格（Ian McHarg）发表了《设计结合自然》（*Design with Nature*）的论著，指出：今天自然环境在农村也受到围攻，而在城市中又很稀少，因此，变得十分珍贵。反规划的理念要从建立和谐的人地关系入手，通过优先进行不建设区域的控制，来保护好自然生态环境，然后再进行规划。[①]

反规划理念体现了对自然环境的高度重视，对地理山水格局的充分尊重，落实到乡村规划上，就是对乡村山水格局的保护与珍视。有些人认同了微介入的设计理念，但是在选点时就总是另辟出一块"建设用地"，搞全新的植入，不是说一定不能全新建设介入点，但出于对乡村自然格局的保护，应该在微介入选点时优先考虑已经存在的点，旧有的或者废弃的建筑、景观作为介入点，而不是动辄就拿出一大片土地进行新的规划。

反规划思维除了对微介入的选点有着重要的借鉴意义，在传统村落安置点选择上也颇有借鉴，当前很多传统村落出于保护目的，在传统村落旁边安置居民点，大片的行列式新农村社区出现在传统村落旁边，破坏了原有村落的风水格局，例如福建省连城县培田古村落的新村与古村近在咫尺，而风格和布局上也不太相宜、很不和谐。

2.1.5　微介入方式在乡村的适用性

微介入方式的核心在于"微"，也就是非常细小的介入。微对于村庄的直接效益有三个方面：投资少；见效快；副作用少。这很容易理解，选择的项目小，投资也就不

[①]　俞孔坚，李迪华，韩西丽. 论"反规划"[J]. 城市规划，2005.09（29）：65-69.

多，建设自然就会比较快，同时，如果选点错误也将付出最少的代价，但也不等于没有代价，因此选点是非常关键的第一步，通常要对选点进行反复地推敲和判断，才能够发现最佳的"介入点"，这个过程便是针对选点进行的"推演"（表4-2）。

相关规划理论的对比 表4-2

类别＼对比	目标	切入点	组织学科	应用范畴	实施方法
渐进式规划	规划区域趋于整体的和谐	局部的边际性的修改	政府、规划师	城市设计旧城更新历史街区	局部设计→各方意见反馈→扩大设计
参与式规划	强调公众参与并营造社区文化	人际关系	社会学者、规划师	社区成员社区环境社区文化	社区组织→公众参与→情感共同体
反规划	保护生态自然的山水格局	人地关系	景观设计师、规划师	城市设计旧城更新新村设计	不建设区域的控制→建设区域
微介入规划	干预并激发乡村的自我更新	介入点、一栋房子或景观	建筑师、规划师、景观建筑师	乡村风貌乡村文化乡村产业	介入点选择→单体或景观实施→激发乡村复兴

（来源：笔者自制）

2.2 分析与推演

选定一个"介入点"，接下来要对该点进行认真分析与不同可能性的推演。推演的次数越多，考虑的因素越全面，则推演的成功率越高。尽管推演是一个虚拟过程，但是推演过程要基于尽可能全面的客观现实条件。

2.2.1 推演的概念

"推演"（Cosnequentia）表示前提和结论之间的推出关系。[1]在本书中推演是指确立了选点后，根据现有的客观条件，由选点所引起的可能性推导。因为各种客观条件对项目干扰的力度不同，以及还可能存在其他限制条件，推演的可能性有很多种，不仅仅是A-B，还可能是A-C或A-E等，因此要对选点做尽可能多而细致的推演。

---

① 吴东民. 西方中世纪的推演理论［J］. 文史哲，1994.04：55-63.

2.2.2　推演的作用

在本书中的推演实际上是假设前提，真实条件，到假设结论的过程。既然开始和结尾都是虚构的，那么其作用又是什么呢？事实上，推演的作用非常重要，主要有以下方面：

首先，推演可以理性地验证选点的正确性。在一个确定的假设前提基础上，通过现实条件的分析，我们可以得到很多可能性，这些可能性的积极结果越多，则证明该选点的价值越大。

其次，推演的最理想结果可以作为规划导向。假设我们可以穷尽推演的结果，当然现实中不太可能，那么其中最好的一个结果实际上就是我们想要的结果，这个结果比较容易被发现，那么在选点后便可以通过规划引导、社会学辅导等方式去导向这个结果。

最后，推演可以预见实践过程中一些不利因素。每一条积极导向的线索都可能被一些不好的客观条件所中断，通过预判，我们可以尽量降低不利因素出现的可能性以及出现后的危害性。

2.2.3　推演的方法

前文已经陈述，推演的三个重要环节：假设前提、真实条件、假设结论。因此，推演的可靠性也就基于这三个环节的准确度。

第一，通过文化基因来假设前提。乡村要想持续健康地发展，文化是很重要的前提，这一点已经在前面的章节中论述过，因此我们的介入点选择一定是在深谙文化背景的前提下，对激发传统文化和社区文化有重要意义的点。这就需要我们认真挖掘乡村的历史、各个时期的文化、形态和产业，从中找出最适合的切入点。因此，对村庄历史做全面的梳理是第一步。

第二，立足客观实际的真实条件。真实条件是三个环节中最好触碰的，也是最难全面的。对真实条件的摸查只能是大量的田野调查和采访，从而收集最为全面的资料。微介入的方法在开始调研前要明确一些可能的介入点，在调研过程中通过了解村民的意愿，既是对介入点的校验，也是对结论的有力支撑。

第三，基于积极引导的假设结论。当设计者通过自我经验或者借鉴他人经验对前提和条件进行推导时，应尽可能采取积极的立场。因为微介入的方式不仅仅在于微介点的改善，同样侧重于对乡村发展的积极引导，否则单单是一个点的改善而没有后续的引导，也不能取得良好的收益。因此我们可以预计真实条件也是可以被改善的，甚至在推演过程中就可以提出改善的方法。

2.3 容错与校验

有了最具可能性的、积极的推演结论，我们就可以对介入点实施改造和建设，在建设完成后的很长一段时间里，要持续地对项目的成效进行观察和进一步的引导，这个过程不能操之过急，要耐心并且允许某些错误的暂时存在，即容错。

2.3.1 容错的概念

容错是借用一个计算机领域的词汇，其解释为：容错技术是指当系统在运行时有错误被激活的情况下仍能保证不间断提供服务的方法和技术。[1]容错（Fault Tolerance），确切地说是容故障（Fault），而并非容错误（Error）。从这个概念解释可以看出，容错的前提是整个系统不能瘫痪，也就是这个"错误"不至于导致整个微介入计划的失败，只是阶段性的、临时性的不满足我们的要求，这个错的本质在于可以被纠正，而我们不去人为地强制其纠正，而是通过其自我意识的发觉进行自我的修复，这个过程称之为容错过程。微介入规划的目标在于实现乡村的自我激活和复兴，因此必须保持容错的态度才能确保乡村不断朝着争取的方向修正发展。

2.3.2 容错的重要性：容错引发文化自觉

容错是文化修复的重要环节，对文化的自觉或者再认识，需要以容错作为手段。通过对云南大理沙溪古镇的调研，可以发现很多农民在用夯土技术重新翻新住房，一些盖了几年的"现代白瓷砖房"被拆掉，被问及原因时，村民的答复是这样的房子做民宿游客不愿意住，他们就喜欢土做的房子！这就是容错的重要意义，如果一开始就强迫村民建土坯房，他们会有抵触的情绪，只有通过市场和主流文化的导向，使他们自觉地认识到传统文化的重要性，才能够发挥其智慧做出更加有热情和创新的建造。

---

① Afonso F, Silva C, Tavares A, et al. Application-level Fault Tolerance in Real-time Embedded Systems [C] // Proc. of Interna- tional Symposium on Industrial Embedded Systems. [S. l.] : IEEE Press, 2008: 126-133.

2.3.3　容错的时效性：从容错到纠错

首先，容错不等于放任错误。所谓容错一定是在可控范围下的，在一定时间内必须要解决的错误。其次，容错的对象是原住村民。换言之，容错是容别人的错，需要联合对象的错，而不是规划设计方和政府决策方的错，决策方和设计方的错必须一开始就被纠正。最后，容错终究要被纠错。纠错可能不止一次，可能有很多次，甚至是长期不断地纠错，这便是乡村规划必须是"可持续的开放设计"。

2.4　开放式设计

希格弗莱德·基提恩（Sigfried Giedion）在1941年出版了重要的建筑评论著作《空间、时间与建筑》（*Space, Time and Architecture*）并批评：工业与技术只有机能的意义，而缺少感情上的满足。而感情上的满足，需要建立"时间、空间"的新概念[①]，也就是时间维度上的陪伴。彼得·卒姆托、斯诺兹、黄声远等很多建筑师在地坚守超过20年，体现的便是这种陪伴。

微介入规划是一种开放体系的设计，其推演和容错的过程就是一个长期不断调整的过程。设计者就像黄声远先生那样时不时地去村里看看，找一找哪里有什么不对的地方。

2.4.1　开放式设计的重要性

开放式设计借鉴电影中开放式结尾的概念（the Open End），是指不提供唯一确定的结果。也就是说，是一个可以由村民、业主、使用者不断拓展的设计结果。由于乡村规模往往不大，所以乡村中的建筑经常会根据时代的特点变换使用功能。我们经常可以看到一些乡村里的空间发生职能转换，比如小学改成了村委会、仓库改成了小超市、晒谷场变成了广场舞场地……因为公共建筑、公共空间在乡村中的稀缺特点，促成了这些功能随着时代而转换。故此，乡村公共建筑要足够的开放，可以自由地转换。

居住建筑一样需要开放式的设计。调研民居不难发现，大户宅院都是不断积累形成的，今年大儿子结婚在旁边续一间厢房，明年二儿子结婚再找地方建一处房子。农村的

---

① S·基提恩. 空间、时间、建筑 [M]. 孙全文，王金堂译. 台湾：壹隆书店，1986.10：487–491.

房屋总是不断发展变化的，其规模小，产权独立，与城市的状态不同，其灵活性和适应性可以充分体现人民的智慧，在发展中与时俱进。

2.4.2　建立"微介入、推演、容错、修正"的持续设计体系

至此，本节论述了从微介入选点开始，到推演容错，直到检验修正的全过程，建立这样的一套方法，对乡村的规划发展至关重要，其核心理念在于从切实的小事儿做起，尝试慢慢改变一个村庄，不要一次性地把规划做完，而要不断地根据需要逐步地更新与发展。

2.5　祝家甸实践

2014年，中国工程院《村镇文化、特色风貌与绿色建筑研究》以江苏省昆山市锦溪镇祝家甸村为试点进行了"微介入规划"的试验，通过三年的不断监测与研究，形成了实地调查报告。祝家甸村位于昆山南部的锦溪镇，史称陈墓，与陆墓（苏州市相城区）共同作为中国古代金砖的产地，乡村中至今还保存着大量的明清古窑，而村庄则呈现出江南水乡的秀美之丽，可谓是历史悠久，风光秀丽。

2.5.1　介入以前：2014年的祝家甸村

第一次调研祝家甸村的时候，调研组住在了村南五里之外的周庄，当时的祝甸村及其周边没有一家旅店或客房，尽管很多屋子空置着。行走在乡间，偶见村民，问起这里有没有房子可以出租，只能收获到对方不解和疑惑的眼神。第二次调研规程中，调研组对祝家甸村进行了全面地统计，逐门逐户地调查，截至2014年6月12日，村庄中242栋房子中有142户正在使用，使用率不到60%，其中仅有1户是外来的，52户为留守老人居住（图4-20、图4-21）。

尽管入住率不高、老龄化严重，但是村子很美，三面环水，宛如荷叶，一条浣溪从村中穿过，于村内形成小桥流水，于村外形成浩瀚天际。在水天一色之间，天际线里跳跃着轻盈的粉墙黛瓦。村东是十余座明清古窑，接磷彼此，青烟渺渺，述说着祖辈的传说和曾经的喧嚣；村西是一座废弃的破落砖厂，一柱冲天，残垣之间，记述着这方水土长大的孩提们的故事……一切是那么美，但却美得清冷和孤寂。

尽管与周庄古镇只有七里之隔，与锦溪古镇只有五千米，距离同里古镇不到二十千米，但是祝家甸村却宁静得门可罗雀；尽管与姑苏陆墓同为金砖产地，而锦溪陈墓却落寞得鲜为人知。与周边村镇的喧嚣不同，祝家甸村拥有灿烂的金砖文化，占据大美长白荡的烟波浩渺，但村里人却只能背井离乡，到镇上城里去打工，抛弃这里的老宅，去镇上买商品房（图4-22）。而属于这座乡村的金砖工艺、盘窑技法却慢慢淡出人们的视线，渐行渐远。在采访的年轻人中，并没人愿意继续传承这门手艺，因为觉得很脏很累。根据我们的调研，目前村里还在烧砖的大约有30多人，但是能够盘窑的仅仅剩下2人！如何让这样一座历史悠久、风光秀美的乡村重新焕发活力，如何将这种宝贵的传统文化传承下去，让更多的人，让村里人和村外人都懂得这个乡村的价值与金砖文化的魅

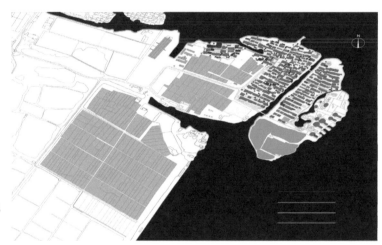

图4-20　房屋使用情况
统计（深色为使用中）
（来源：调研小组整理）

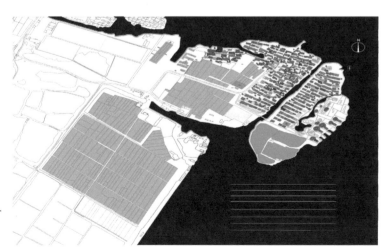

图4-21　年龄状况统计
（深色为60岁以上）
（来源：调研小组整理）

力，是规划者首要应对的问题。这个村良好的文化基因和地理环境，使其成为乡村传统文化引导乡村发展的实践案例（图4-23~图4-26）。

图4-22　从长白荡远眺水中的祝家甸村
（来源：笔者自摄）

图4-23　村东古窑群落窑户如鳞
（来源：笔者自摄）

图4-24　古窑间装船的景象
（来源：笔者自摄）

图4-25　村中的房子多数无人维修
（来源：笔者自摄）

图4-26　冷清的水街几乎看不到人
（来源：笔者自摄）

2.5.2 开始介入：选择最合适的介入点

在祝家甸村，村口有一座20世纪80年代村民自建的砖厂，已经荒废，部分坍塌，荒草丛生，岌岌可危，从北侧已经塌落的楼梯口，可以看到墙顶"淀西砖瓦二厂"六个充满时代记忆的大字。这个破败的砖厂成了介入点的最佳选择。

首先砖厂的位置在村口，外部道路与村子之间，从村子北边隔湖相望的同周公路上便可以看到砖厂的烟囱，是联系外界和村庄的良好位置。如果以砖厂为起点，对外可以形成外围路网与乡村的衔接，对内成为进入乡村之前的"乡村序厅"。其次，这是一栋形式很常见、但规模非常大的霍夫曼砖窑，可以找到类似的设计图纸，掌握其内部空间。砖厂上层空间具有很强的可塑性，可以提供灵活的大空间，满足不同的使用功能。最后，砖厂是这个乡村自身传统文化的产物，村里很多人以烧砖为产业，这个厂房是烧砖产业在这个年代的发展记忆，成为砖文化主题非常好的载体。基于这样的考虑，关于砖厂介入以后的可能性推演是下一步的工作（图4-27、图4-28）。

图4-27 荒废的大砖厂 　　　　　　　图4-28 砖厂上层破落的屋顶
（来源：笔者自摄） 　　　　　　　　（来源：笔者自摄）

2.5.3 分析推演：从砖厂到对面的砖窑

砖厂在村西，作为省级文保的砖窑在村东，如果以村西的砖窑作为起点走到村东的古窑参观，就可以形成很多穿过村子的路径，那边在这些路径上就有了商机和各种发展的可能性。而这些可能性的基础在于村里的情况，于是项目组对村里逐户逐家地进行访谈和调研，了解每家的留守情况、家庭状况、是否有意愿进行改造、是否了解当地的传统文化、传统工艺等信息，然后分析线路上可能发生的事情（图4-29、图4-30）。

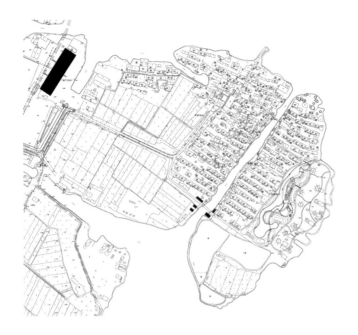

图4-29 介入点的选择
（来源：调研小组整理）

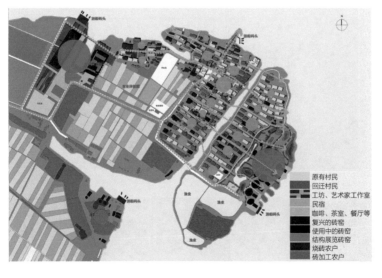

原有村民
回迁村民
工坊、艺术家工作室
民宿
咖啡、茶室、餐厅等
复兴的砖窑
使用中的砖窑
结构展览砖窑
烧砖农户
砖加工农户

图4-30 介入点的推演
分析
（来源：调研小组整理）

2.5.4 推演成立：针对介入点实施改造

　　一座80年代村民自建的砖厂，大多依据祖上传下来的标准图集和工匠的经验，准确来说结构和建造都没有经过专业的设计。其保留与改造需要很大的决心与投入。当看到国内权威测试单位的检验报告以后，旧厂房基本被定义成危房，拆掉或许才意味着更少的投资和消耗，然而如果拆掉这座厂房，也将拆掉那些已经离开乡村、正值二三十岁的年轻人们、孩提时在这里欢笑的记忆；也将拆掉四五十岁、壮年时在这里工作创业的村民的记忆，拆除意味着年轻人将失去对家乡印象，再无依恋；而老人也将无法回忆已逝的青春汗水，只能在回忆里去找寻片段的痕迹，更重要的是，拆除是不可逆的，也是无法挽回的。因此，保留才是最后的决定。

在房屋里植入了展厅、制砖工坊和休闲咖啡，这些能够吸引一些人群，并将其留住的简单功能成就了介入点的全部，项目组开始尝试通过这个小点的改造，吸引人们的视线，为乡村带来新的希望。

砖厂上层的改造预算并不很高，单方造价不到3000元；规模也不大，总面积1200平方米，当地政府很快同意了方案并开始实施（图4-31~图4-34）。

图4-31 改造完的室外夜景效果
（来源：笔者自摄）

图4-32 改造完的室内效果
（来源：笔者自摄）

图4-33 新加建的室外平台
（来源：笔者自摄）

图4-34 保留的墙上老字
（来源：笔者自摄）

2.5.5 容错机制：允许村民的发挥创造

实践证明，祝家甸的介入点是成功的。两年后的祝家甸村，默默地发生了很多变化，差不多三分之一的村民都在翻新建设自己的房屋，空置房屋的出租价格也比一年前刚刚有人开始出租时翻了一倍。村民们建设家园的热情被激发了，从各种细心的装饰构件可以看出，他们已经不是在简单地搭建房屋，而是充满热情地设计（图4-35、图4-36）。

很多人担心这样乡村的面貌会变得杂乱而失去控制。而一路推演走来的我们却并不太担心，因为一个良好起点引发的演变过程总体是好的，也不排斥中间会有一些过错，这些小的过错会在大的良好趋势下逐步调节。在设计的起点，已经确定了乡村的格调和价值观，随之而来的将是对所有既成事实的检验，人们总会在自己的磕磕绊绊之间学会走路和奔跑。

通过砖厂与民宿学校，我们已经逐渐影响了村民的观念，让他们慢慢认识到要尊重过去，要尊重江南的记忆，要融合建筑与环境，要进行一定的创新和改进……这一切他们或许看得明白，也许暂时看不明白，又或许有一些不同的观念，但是只要他们基于这样的思考去建设，其结果就会被社会和市场检验，然后便会自我修正，满足社会的发展和市场的需要，然后逐步趋于正确……这个过程并非一蹴而就的，也没有绝对的标准答案，需要一个长时间的、能够容错并自我调整的过程，从起初的轻介入与推演，到最后的发展与容错，希望我们的尝试能给国家的乡村规划带来新的方式与探索（图4-37、图4-38）。

图4-35　祝家甸村2017年19户翻新自宅
（来源：笔者自摄）

图4-36　很多村民开始翻新自己的房屋
（来源：笔者自摄）

图4-37　自发新建而成的村民民宅
（来源：笔者自摄）

图4-38　村民对砖文化的自豪感
（来源：笔者自摄）

2.5.6 设计不止：楼上到楼下，村口到村里

砖厂改造的延续包括两个方面：一方面是自身改造的延续，原本的设计任务只有上部的加建，而我们希望也将窑体内部加以利用和加固，我们将加固单位设计的钢拱架改造成厚重精美的砖拱，并且让盘古窑的砖拱技术在这里得到了数十次的验证。接下来，业主提出利用檐口下的空间的要求，我们设计了在砖柱子间加玻璃，加维护的方法，将原本残破的批檐修复一新。除了对砖厂本身改造，另一方面，后来延伸的项目也随之而来。砖厂距离村子还是远了一点，新的项目拟在砖厂与村子之间建立一个联系，这个联系便是一所民宿学校，学校不仅教授村民如何办民宿，更加重要的是把更多的村民引进到乡村里去，从而带动乡村的改变。民宿的结构采用了台湾著名乡村建筑师谢英俊老师的薄壁轻钢框架体系，邀请了国内颇为成功的莫干山原舍的经营团队来这里开班办学，所有这一切都是激发村民自我觉醒，认识到家乡的美与价值，从而引发乡村的自我更新与发展（图4-39~图4-42）。

图4-39 窑体内的加固
（来源：笔者自摄）

图4-40 平台下加建的窑烧咖啡
（来源：笔者自摄）

图4-41 檐口下改造的萱草书屋
（来源：笔者自摄）

图4-42 窑体改造的米其林餐厅
（来源：笔者自摄）

2.5.7 作用评估：村民内生动力被激发

祝家甸村是微介入规划的重要实践基地，也是文化引导乡村复兴的一次尝试与探索！从2014年开始，我们就持续在祝家甸深耕，从微介入点——砖窑博物馆开始，到咖啡屋、展厅、书屋、民宿、农田景观、小礼堂改造，直到今天，他们依旧扎根在这个乡村里实践着已经持续了六年的伴随。通过一个又一个小微空间的改造，逐步改善着这个江南小村。2014年4月，第一次调研祝家甸时，白天的村中几乎鲜有人迹，偶尔遇到一两个村民上前攀谈，他们说村里人大多去镇里甚至市里打工买房，没人愿意留在这里发展。尽管与门庭若市的周庄只有5里之隔，尽管灿烂文明的金砖古窑就在村东一侧，这里却满是沧桑与凋敝之色。2016年祝家甸砖窑改造完毕，娃娃们开始在这里学习制砖，金砖文化开始复苏；2017年1月，窑烧咖啡创下了一天销售数百杯的奇迹……越来越多的人关注这座乡村，关注金砖文化！最重要的是，村民们回来了，2017年3月，19户村民开始翻新自己的房子；2018年4月，62户村民开始重建家园；2019年4月，105户村民开始翻修房屋，到了2020年，已经有145户开始翻修自己的房子，超过了全村一半的村民都回来了（表4-3）！而且他们没人盖小洋楼，而是像中国院设计的原舍民宿一样，采用江南地域风格与现代技术的结合盖房子，用竹子和当地树种来装修庭院，用瓦片和青砖来打理自家小院……村民不仅开始热爱家乡，更加多了一份对本土文化的追逐与向往，这种村民自我意识改变的更新方式造就了乡村从里到外真正的复兴！

祝家甸村的微介入实验情况分析　　　　　　　　　　表4-3

实验后每年情况	翻新数量（单位：户）	占比
2017 年 4 月	19	7.9%
2018 年 4 月	62	25.6%
2019 年 4 月	105	43.4%
2020 年 4 月	145	59.9%

从上面实验数据可以看出，微介入规划在祝家甸取得了重大的成功，发挥了很好的激发和引领作用。从2014至2019年，我们用了五年的时间缓慢地完成了这次"规划"，才敢画一张鸟瞰图（图4-43），当然，实践证明，很多地方还是画错了……

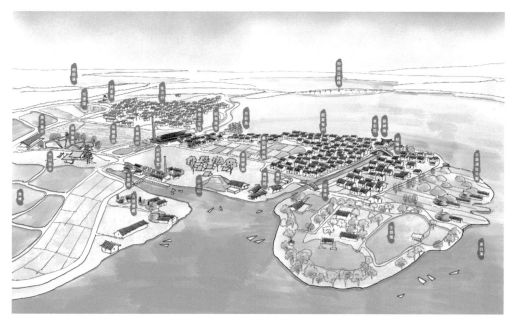

图4-43　祝家甸的规划图（2019年画）

2.5.8　文化意义：从一间农房看村民的意识转变

民宿的用地一开始比现在要大，北部一直延伸到乡村中，然后村民并不赞同，几户村民与我们协商要自己盖房子！这与我们微介入的初衷不谋而合，我们自然欣然同意。村民自我建设不受各种手续羁绊，反而先于我们的民宿建设完成，但是有一户主人，事先就想好做民宿经营，于是，他的湖景房也很快落成。这座农房可以看得出一开始外观是所谓的"简欧风格"，墙上有着简化的西方柱式、石头线脚。但是，房主后来的意识开始转变，做围墙时就已经开始使用苏南地域风格的围墙和门头，与房屋立面形成了强烈的反差。当步入室内，我们越来越多得看到大量的竹木装修，中国江南传统的意境越来越强烈，直到进入卧室，东方的韵味和气质意境由内而生。可以看得出，村民从一开始盲从地追求外来文化，到后来逐步恢复本土文化的全过程，在这两三年的建设过程中，逐步的修正、容错和改变！这是我们这次微介入探索的核心意义，在于让村民从原来本土文化的自卑变成本土文化的自觉与自信！我们希望有更多的村民形成这样的意识转变，当然，不急，一定不要揠苗助长，一年也好，三五年也罢，我们期待这种发自内心的改变与复兴（图4-44、图4-45）。

图4-44 "简欧立面"与中式围墙　　　　　图4-45 东方乡土的室内装修

2.6 适于乡村的规划

　　城市规划的方法在乡村中应用显然是不适用的，建立一种和乡村相宜的规划方法至关重要。微介入方式是针对乡村的规划方式，与城市规划不同，乡村里的人地关系、人际关系、人文关系远比城市复杂，更像是一个牵一发而动全身的生命集体，对这样一个如同生命一样的客体进行设计，应当采取谨小慎微的态度，不断地小修小改，出手过重或者过于强势地干预乡村发展，都可以导致乡村发展的畸变甚至导致乡村机体的死亡。

3

景观微治理

乡村是很多人的家园,家园原本就是美的。至少每个人在建设自己的家时,一定是最用心的,把自己认为最美的样子展现于世人面前。对于那些本来就美的东西,我们要做的,只是擦干净落在其表面上的尘土,抹去那些凝结已久的锈渍,美好自然便显现出来。

其实在很多乡村调研中,特别是在欧美、日本还有我国台湾地区,我们发现很多地方的乡村建筑并不见得多漂亮,景观也未必多精彩,但是每家每户都很积极乐观,居住环境整洁,门口窗台上鲜花绽放,一切井井有条,这样的场景本身就是很美的,在这样的环境中,我们能够被乡村中积极乐观的生活态度所深深打动,心中很自然地觉得温暖,眼中的场景也顿觉美好。

然而这样的场景似乎并不需要刻意的设计,而是一种自然而然的、积极生活的状态。不过并不是每个乡村都能达到这种自然美好的状态,那么,显然还是需要策略和方法,能够使乡村达到最佳的状态。那么,我们想讨论的这种方法,应该是一种很轻微的、自发地、有侧重的更新模式,而基于轻微、低成本的立场,这种更新方式更加侧重于景观环境的更新与治理,因此称之为景观微治理策略。

景观微治理策略首先是一种基于景观设计的改造策略,其次是基于文化修复的立场,因此强调"微"的概念,即慢慢地修复,轻微地改变,最后这个强调某一领域,而不是大而全,是要基于某个具体穴位进行专项的治理。因此,景观微治理策略有三个重要特性:以村民为主体;激发共情文化;逐步长效实施。

3.1 以村民为主体

景观微治理策略是指村集体和村民自觉地对村庄中的环境卫生、垃圾污染进行清理，然后用有限的、力所能及的财力和物力对村庄公共空间、道路街面、房前屋后、水塘河流等进行小尺度的美化设计、改善环境的工作。景观微治理的实施主体必须是村集体和村民，而不是政府或者企事业科研单位，设计师可以在公共空间景观设计时介入，并提出适合乡村的且能够被村民学习借鉴的景观设计实施方案（图4-46、图4-47）。

在城市中，景观治理往往依托的是政府，通过园林部门、环保部门、城管部门、水利部门等政府机构或相关科研院所的职能作用进行专项治理，城市财政也可投入持续稳定的资金；然而在乡村中，只能依托村集体和村民，任何外力都是不可持续的，外来的资金迟早会耗尽，外来的人力也迟早会离开。只有依托在地驻民的力量，才能形成持续稳定的景观治理力量，进行持续稳定的维护与发展。因此，通过局部公共景观的设计，引导村民对力所能及的范围内进行自发的景观微治理便显得非常的重要。

图4-46 台湾桃米村大桥下的景观设   图4-47 日本宇治市茶农家门前的景观小院
计（来源：笔者自摄）   （来源：笔者自摄）

3.1.1 景观微治理概念与环境整治的区别

与景观微治理有些相似的概念是"环境整治"[①]，也作"环境综合整治"。乡村的环

---

① 环保部、财政部于2017年3月发布《全国农村环境综合整治"十三五"规划》。

境整治基本上是由政府发起的，解决农村环保基础设施不足、环保机制不完善、环保监管能力弱等问题的环境整治工作，尽管各种文件要求以村民为主体，但真正的实施主体是政府。因为其工作内容决定了这项工作需要比较大的投资，一些专业环保机构的参加，只有政府作为主体才有可能完成。在2014年发布的《国务院办公厅关于改善农村人居环境的指导意见》中指出"加快农村环境综合整治，重点治理农村垃圾和污水……建立村庄保洁制度，推行垃圾就地分类减量和资源回收利用……大力开展生态清洁型小流域建设，整乡整村推进农村河道综合治理。"[1]上述措施更加侧重于政府层面的操作。

在组织实施上，各地区的环境整治由各地政府推进，比如在2012年，江苏省办公厅发布的《江苏省村庄环境整治考核标准》主要包括村庄风貌、环境卫生、配套设施三个方面的考核，这项工作自上而下下达到各个地方，由各个地级市政府进行监督和检查，实施力度很大，甚至包括了一些建筑立面的整治、河道的整治和疏浚。作为美丽乡村建设的模范省，这些工作卓有成效，但需要行政力量的干预和强大的政府财力（图4-48、图4-49）。

整治前　　　　　　　　　　整治中　　　　　　　　　　整治后

整治前　　　　　　　　　　整治中　　　　　　　　　　整治后

图4-48　江苏省村庄环境整治情况对比
（来源：图片引自江苏省建设厅总结报告）

---

① 国务院. 国务院办公厅关于改善农村人居环境的指导意见. 国发办（2014）25号，2014.06.16.

整治前 整治后

整治前 整治后

图4-49　江苏省村庄河道疏浚前后对比
（来源：图片引自江苏省建设厅总结报告）

政府推进的环境整治具有高效彻底等特点，对于村庄面貌的改变也比较立竿见影。问题在于有时用力过重，比如笔者在江苏某县实地调研发现，为了改善环境卫生，某河道边的野草都被相关部门组织拔光了，露出土的河道不仅不美观，生态环境也受到了破坏。

因此，这里提倡的是在文化自觉状态下村民自发性的景观治理方法，不需要政府投入大量人力物力或者专项资金，而是通过组织村民共同劳动、共同思考、共同参与而实现的环境景观治理策略。

3.1.2　景观微治理与景观先行策略的辨析

景观优先亦作景观设计优先、景观提前介入，是近年来对城市规划反思的结果，指景观设计应优先于规划建筑设计先行研究设计乃至实施的策略，或者作为项目设计过程中"最优化视角考虑"①。传统城市设计方法先规划，然后再进行建筑设计，最后景观作为粉饰或缺漏补角。而景观优先理念否定这套方法并从自然生态、绿色环保的角度提出将景观作为最优先的考虑角度。中国古典园林被视为"景观优先"观念的最佳佐证，鉴于园林一开始以地形入手，哪里有山，哪里有水，根据山水林木的位置再决定在哪里设计亭台楼阁。

景观优先与本书提出的景观微治理都是先从景观入手来解决问题的方法，但根本出发点、适用范围、操作办法则是大相径庭，完全不同。

首先，景观优先提出的出发点在于更好地尊重自然，让自然环境的梳理和优化先于人工造物的设计；而景观微治理是在乡村自然环境原本就很和谐的情况下增加一些有生活品质的小尺度的景观设计。其次，景观优先是基于城市规划方法的反思；而景观微治理是针对乡村人居环境改善提出的一种社区文化策略。最后，在操作方法上，景观优先强调景观设计的优先级，也就是景观优先于规划建筑设计和实施；而景观微介入不强调与规划和建筑的优先级或设计实施次序关系，可以在任何需要的时机介入，用以小范围地改善乡村的人居环境。

3.1.3 景观微治理是微介入规划的景观学延伸

景观微治理同样是一种微介入的理念，这里之所以用"微治理"而不是"微介入"，是因为强调治理的改善作用而不是介入的干预作用。这个策略代价非常低，工程量也非常少，因此对于乡村而言，是一种非常轻微的治理模式。

景观微治理，仍需要进行一定的设计工作，主要是针对乡村公共空间、入口空间、道路河流、门前屋后、田间地头的一些小的景观节点的设计。这些设计主要考虑尽量利用当地的材料，甚至是废弃物，用最低的造价实现公共空间的品质提升。

除了景观专业设计，对于景观微治理的后续发展评估在于村民是否能够学会用简单的方式美化自己的家园，也就是微介入概念的成效考核。在公共节点的景观改造之后，村民是否受到带动作用并可以根据专业设计的方法进行延伸的自发设计和改造（图4-50、图4-51）。

---

① 陶练. "景观优先"和"景观提前介入"[J]. 园林，2011.12：22-23.

图4-50 台湾桃米社区用旧钢管做的花架　　　　　图4-51 黄山歙县汪村用废旧陶罐做的花盆
（来源：笔者自摄）　　　　　　　　　　　　（来源：村民提供）

3.2 激发共情文化

景观微治理依靠村民出力，一开始几乎不需要什么投资，但需要依托一定的共情文化作为感情和思想基础。随着村庄的风貌得到改善，这种共情文化会得到继续地加强和稳固。在中国大陆，地缘和血缘的稳定性造就了大多数乡村比较好的共情文化的基础，只要稍加梳理，就能形成比较好的局面，这种梳理国际上普遍认同的策略就是社区营造。

3.2.1 社区营造与共情文化

社区营造（Community-building）作为一种被普遍认同的社区复兴方式在世界各地被广泛地实践着，这种起源于欧美国家[①]的社区建设思想在日本和我国台湾地区得到了很好的实践。历史上，受益于稳定的地缘、血缘和业缘（农业或传统手工业）的文化构建，乡村居民具有很强的同族同源的共同意识，从而形成"熟人社会"[②]，但是随着城镇

[①]　关于社区营造的起源，有学者认为源于日本，但也有学者认为源于欧美，根据笔者在台湾的调研，台湾学者认为社区营造起源于战后联合国对于社区发展的帮扶，引入了社区的一些概念。而美国在20世纪五六十年代有很多学者对社区进行研究，也有类似社区营造的一些实践，因此本书认为社区营造起源于欧美，在日本和我国台湾地区推向比较深入的发展和研究。

[②]　费孝通. 乡土中国 [M]. 北京：中华书局，2013：22-23.

化、人口增长和迁移、乡村撤并和迁徙、农业发展的转变等社会发展变化的影响，人与人之间关系变得冷漠和疏离，因此当地缘、血缘和业缘不足以维系支撑良好的人文基础时，基于共同情缘建设的社区营造随之产生。

社区营造的概念是"当居住在同一地理范围内的居民，能持续以集体的行动来处理其共同面对的社区议题，解决问题的同时也创造共同的福祉，逐渐地，居民彼此之间及居民与社区环境之间建立起紧密的社会联系，此过程称之为社区营造"[1]。也就是通过组织和鼓励社区居民参与社区公共事务，解决问题的同时增进社区成员之间的联系和情感，在获得解决问题的受益同时，将社区凝结成情感和利益的"共同体"，从而培养本社区的文化并逐步形成自己的文化特色，即新的社区文化的形成。社区营造不是对硬件的营造，而是对软件，也就是人的营造或者说是社区文化的营造。与一般的社区不同，我国大陆乡村一般拥有较好的地缘血缘基础，更加易于形成共同的情感，即共情文化。

3.2.2 景观微治理和社区营造

社区营造是指在社区文化发展的社会运动，是基于社会学的一种思考方式，经常由社会组合或者非营利组织（NGO）发起，由社会学或规划学专家予以指导，辅导村民自发完成家园建设。由于专业和资金的特点，社区营造最后的实施方法以轻微的景观治理、社会活动的组织、风俗文化的保护、建筑的局部修整等作为主要的实施手段，真正能落到建筑工程的实施并不多见，可见对于物质环境的改造以景观治理的方式出现居多。因此，景观微治理是社区营造的一种具体实践方法，而社区营造为景观微治理提供了社会学和规划学的理论支撑和原则指导。景观微治理的目标是村民生活环境的改善，依托村民间良好的亲缘基础，从而实现乡村建设的本质提升。

社区营造的方式非常系统，核心在于社会学者激发共情的过程，而乡村共情基础较好，对于设计师而言可以直接借鉴实施方法，并根据社区营造的理论进行设计方式和改造方式的修正。

---

① 王本壮，李丁讚，李永展等. 落地生根——台湾社区营造的理论与实践 [M]. 台湾：唐山出版社，2014.01：1–5.

3.2.3　日本和我国台湾的社区营造

在日本，著名规划学者西村幸夫的著作《再造魅力故乡》中描述了17个社区营建的案例，其中多数案例都是以原住民被组织起来，一起清扫家园作为开始的。比如"小樽运河清扫活动"①，便是社区民众自发组织起来，对运河进行治理的行为；再比如岐阜县古川町，从1986年创建"景观设计奖"，并从1989年起，用三年的时间进行景观治理，对水道和河边道路进行景观治理，并拆除横越县道的人工陆桥，恢复了清爽的街道景观。更重要的是，在这些公共景观的治理过后，很多住家都开始自行对自家宅地进行景观改造，使乡村的景观环境品质获得了大幅提升。西村幸夫所记录的日本社区营造案例基本上是通过NGO组织和各种社会社团实现的自下而上的改造活动（图4-52、图4-53）。

在台湾，陈育贞在后埤村的实践同样是以清扫社区"颓废角落"开始的。他们发动村民，将1个人能做的工作变成10个人做，通过集体劳动，共同谋划，增进情感，用一个干净、整洁的乡村激发大家热爱自己的家园，在这样的情感驱使下，才能发生更多的可能性。

在台中南投县的桃米社区，9·21南投大地震以前被称为"垃圾里"，地震中将近一半的建筑倒塌，十分严重。在灾后重建过程中，"新故乡文教基金会"对乡村进行了帮扶，发起了"清溪行动"——大家一起来清溪，带领村民一起对乡村的生态环境进行清扫和治理，如今的桃米社区变成了"桃米生态社区"，很多年轻人返乡创业，乡村里

图4-52　治理后的日本小樽河
（来源：笔者自摄）

图4-53　治理之后的河边道路
（来源：笔者自摄）

---

① 西村幸夫. 再造魅力故乡［M］. 王慧君译. 北京：清华大学出版社，2007.04：29-47.

环境美好，生机勃勃。在池上乡，政府引导农民进行绿色有机生态米产业，通过建设农产品展示基地，鼓励村民在耕种方面进行创新和发展，来调动村民的积极性，共同建设自己的家园，当地政府对于村民的参与更多的是采取文化上的引导措施，而不是越俎代庖，直接参与治理工作。

至于社会学者的工作，比如自称是政府与村民之间"潮间带"的陈育贞女士，很好地协调了政府与村民之间的诉求（图4-54～图4-57）。

日本和中国台湾地区的经验证明，仅仅通过有限的资金对一些公共节点进行一些处理，很快就能取得很好的效果。比如台湾的桃米村、池上乡，仅仅通过一些小的标识牌、广告栏，就让乡村变得非常积极向上、充满生机。

图4-54　陈育贞带领村民改造的小水塘
（来源：笔者自摄）

图4-55　一返乡年轻人开的民宿
（来源：笔者自摄）

图4-56　台湾池上乡的景观标识
（来源：笔者自摄）

图4-57　台湾稻米田里的光荣榜
（来源：笔者自摄）

3.2.4 激发共情文化的过程

通过参加景观治理的集体劳动，村民再次被组织起来，团结协作，共同劳作，在这样的过程中，共同建设家园的情感被激发，彼此之间的信任感加深了，集体的凝聚力加强了，从而形成了村民之间情感上的共同体，这种共同体便是形成良好共情文化的基础。同时，也使得一个村庄获得了一定的社区行动力，便于日后工作的展开。

作为一种微介入的概念，显然不可能是仅仅打扫完卫生就结束了。介入的目的在于引发更多的有益行为。村民共同改善了乡村人居环境，让公共空间、道路街巷以更加明快的方式呈现在人们面前，可以激发村民进一步装扮公共空间，如果公共空间进行了处理，其示范作用又可以继续引发村民改善自己空间，从而促进整个街区甚至整个乡村的改善，因此，这个激发过程可以理解为三个步骤：环境卫生清理、公共空间改善、户户景观提升（表4-4）。

景观微治理与相关概念的对比 表4-4

概念	实施主体	目标	主要学科	核心内容
景观微治理	村民 村集体	改善乡村风貌	建筑学、景观学	对清理后的公共空间设计并引导乡村全面景观提升
环境（综合）整治	政府带领各级组织	改善乡村人居环境	乡村规划、基础设施	政府财政投资加强乡村的基础设施建设和人居生活环境
景观（设计）优先	政府相关部门	保持自然生态的环境	景观学、规划学	优先确定不建设区域，保持环境生态的基础上规划建设
社区营造	社会学引导村民	形成良好的社区文化	社会学、规划学	集体参与社区规划并在解决问题过程中产生和谐社区文化

3.3 实施步骤方法

乡村景观微治理的过程同样是一个从微介入到局部介入再到全面介入的过程。因此从程度和投资上可以分解成三个步骤，这三个步骤不是固定的，而是一个彼此激发的良性循环。

3.3.1 环境卫生的清扫和垃圾清理

环境卫生垃圾清理是改善乡村生活环境的第一步，这一步是对村民凝聚力和行动力

图4-58　陈育贞与江苏村民交流沟通　　　　　　　图4-59　村民共同清理稻田里的垃圾
（来源：陈育贞女士提供）　　　　　　　　　　（来源：陈育贞女士提供）

的一次考验。乡村建筑师、规划师或者社会学组织者以专家指导或者政府援助的姿态介入，通过传授知识、介绍经验来赢得村民的认可，通过共同生活、座谈聊天增进彼此感情。然后在适当的时机，通过村民理事会、村委会、村民代表会一起发动环境卫生清理工作（图4-58、图4-59）。

3.3.2　公共空间的景观设计和改造

环境卫生清理结束以后，第二步是对清理出来的公共空间、街道小巷等进行分析和研究，选择恰当的景观改造方案。通常是一些简单的聚会小棚子、座椅、花篱等投资少、见效快，而且非常利于营造社区文化的景观改造方式。比如台湾的黄声远建筑师在宜兰改造的"棚子"多达二三十个。这些改造的材料尽量来自村里的废旧物品或者由村民提供的闲置物资，而劳动力来自村里或者使用少量的社会资金雇佣技术人员。如果这些公共空间的设计能够达到一定的效果和示范效应，则非常有利于带动全村的景观微治理。

3.3.3　引导村民各家各户景观提升

有了比较成功的节点改造，可以提升村民的参与热情和情趣品位，接下来就是发动村民积极改善自己家的环境。一个简单的花架子、几盆窗口红艳的小花篮、干净整洁的入口空间、轻松愉快的篱笆墙，这些微不足道的改善汇聚在一起，就是一个乡村最美的景象。很多时候我们走在欧美一些温馨的小镇里，会发现很多美丽的盆栽，这些放在窗台、阳台上的花朵，就是一道美丽的风景。在中国安徽歙县的卖花渔村，恰好家家户户

图4-60 欧洲小镇老房子的装扮　　　　图4-61 安徽卖花渔村的风貌景象
（来源：笔者自摄）　　　　　　　　（来源：笔者自摄）

都以养殖盆栽作为产业，于是每家每户都是郁郁葱葱、花团锦簇，这样的村子，房子不算漂亮、也无需太多的治理，但是风貌确是非常的和谐美丽，这样的气氛中，人们会发现建筑的好不好看已经变得不重要。安徽卖花渔村的房子都不好看，但这些房子融合在郁郁葱葱、千姿百态的各种盆栽中，便瞬间觉得格调似乎也变得很好了（图4-60、图4-61）。

3.4 景观微治理实践

2016年，应安徽省建设厅邀请，在中国城市规划设计研究院城乡所的组织下，社会学、规划学、建筑学相关专家组成了工作组，对安徽山区的两个乡村进行村民集体参与的景观微治理实践。这一计划事先对安徽省多处乡村进行调查研究、比对和分析，最终选择了群众基础比较好的安徽歙县汪村和民间力量突出的绩溪尚村作为试点。

3.4.1 汪村实践

1. 汪氏通宗、血缘世亲

歙县汪村位于歙县南部，大山之中，进村的路不是很方便。然而大的区位比较便利，距离黄山机场1.5小时车程，距离黄山北站、歙县高铁站均在1小时以内。有利于工作组长时间、多次地进入乡村。汪村位于山区深处，目前汽车不能直达乡村内部，只能在邻村下车后步行穿过邻村，进入汪村。

汪村的历史非常悠久，据《汪氏族谱》和清《汪氏通宗世谱》记载："宋绍兴十八年（1148年），汪希仲由歙邑凤凰迁居"。如果史料属实，汪村已经有了八百多年的历史。从血缘方面看，汪村90%以上的人姓汪，同姓同族，因此感情基础良好，具有较好的亲情基础。特别值得称道的是2012年，在退休老人汪华东的倡议下，村民自筹资金、自筹材料，对破烂不堪的汪氏宗祠"家政堂"进行了历时20个月的维修，于2013年底完工。华东老人如今已随子女移居苏州，但是心系故里，得知我等要到汪村开展实践，专程提前一天赶回老家，并热情地邀请我住在家中，激情满满地谈论家乡的发展（图4-62、图4-63）。

2. 集体参与、家园理清

在工作组的帮扶下，村民成立了乡村理事会。召开了多次村民代表会议，并且在2017年7月10～11日，在村书记、村理事会的带动下，汪村全体村民共同参加了家园大清扫工作。在30多度的高温天气里，村民们干劲儿十足，对村口的小广场、河道两侧、一些坍塌的老宅门前屋后等村里空间进行了两天的打扫，使得村庄的环境焕然一新，村里免费给各户发放了环保垃圾桶，乡村的容貌悄然改变。在几乎没有任何资金的情况下，完成了环境卫生清理的工作（图4-64、图4-65）。

3. 村民振奋、梦想萌生

7月12日，工作组再次进驻，并在晚上召开了村民代表会议。还不等建筑师提出想

图4-62 汪东华（前排左1）老人讲述自己的家乡
（来源：笔者自摄）

图4-63 有很多简易棚子的汪村
（来源：笔者自摄）

法，村民们便自发地要求对主街道两侧的各种铁皮棚子进行改造。男女老少不停地指着"某某家的铁皮棚子太难看，影响了街道的空间""书记家门口喝茶的地方不好看""都能像华东老人门口那样做个亭子多好""那样造价比较高""我们用竹子，竹子不要钱"……村民们七嘴八舌地讨论着，最后大家一致决定，从村干部的门前开始，进行铁皮棚子的改造！笔者在现场绘制了改造草图，村民们就改造方案进行了热切的讨论（图4-66、图4-67）。

4. 家家动手、户户提升

在这次环境改善工作中，我建议每家都能积极地改造自己家的景观环境。通过集体制作花盆，共同选择适宜的花种，对所有的廊桥入口、屋顶平台进行美化和装扮，用植物将原本简陋的栏杆甚至没有栏杆的地方阻挡起来，提高整个乡村的街道环境和品质。

图4-64 汪村村民共同打扫家园
（来源：村民提供）

图4-65 有很多简易棚子的汪村
（来源：笔者自摄）

图4-66 村干部门口的铁皮棚
（来源：笔者自摄）

图4-67 村民在讨论笔者的草图
（来源：笔者自摄）

改造过程中很多材料,比如花盆用的罐子、缸,都是从清理河道过程中找到的废品并再利用,整个激发行为会带动村民自己进行少量的投资,从而完成整个乡村的改造(图4-68、图4-69)。

5. 共同创业、文化再兴

通过联席会议,大家还提出了共同创业的想法,大家都知道歙县是徽墨的故乡,这个村里的汪汲基老人是歙县的徽墨大师,大家想利用村口一间旧的茶厂,改造成一个徽墨工坊,一方面让徽墨的技艺传承下去,一方面让村里有自己的特色产业。如今工坊正在紧锣密鼓地筹划中,建筑设计方案也由笔者进行了设计,开始筹措资金,这场小小的景观改善行动,至少已经取得了一些良性发展的可能性,我们仍会持续关注(图4-70、图4-71)。

图4-68 村民试着用竹子和麻绳改造入口
（来源：村民提供）

图4-69 村民按照设计师的要求装扮门口
（来源：村民提供）

图4-70 徽墨大师的二徒弟讲解古墨制法
（来源：笔者自摄）

图4-71 制作中的徽墨
（来源：笔者自摄）

3.4.2 尚村实践

1. 百年积谷，福泽一方

尚村位于绩溪县家朋乡，是国家级传统村落，风光秀丽，景色迷人。但地理位置非常偏远，从绩溪县城出发要1.5小时，而且山路多弯。与汪村形成鲜明对比的是，尚村是一个多姓村落，这在徽州山区比较少见。由于多姓多宗，所以尚村有一个非常有力量的民间组织——积谷会，创立已有百年之久，就是村中的家族，都将谷米汇集在一起，由积谷会共同管理，当灾年困苦出现，积谷会开仓放粮，共渡难关。这是一个非常有文化、有历史、有责任的自发组织机构，积谷会至今还发挥着重要的作用，从尚村的实践一开始，积谷会就成为我们开展工作的重要依托。当我们开始景观微治理的实践时，积谷会的成员都风尘仆仆从各地回到尚村，着实令人感动。

2. 全村玉米，共建草廊

我们计划在村中搭建一个玉米走廊，要求村里的村民贡献玉米并一起来干活。安徽农村多有晒玉米的习惯，家家户户的门口都晾晒着金黄的玉米。于是在积谷会的组织下，大家把玉米都搬到了村中间的空地上，不过真正干起来，才发现玉米远远不够，于是，大家开始找更多的村民协商要玉米，在沟通过程中，大家捧腹大笑，玉米也越来越多。村民们齐上手，一起搭建玉米廊，到后来，玉米不够，有的村民拿来了辣椒，有的去砍来了苇草……大家齐心合力，一起搞成了一个表情丰富的草廊，其实，此刻设计已经不再重要，村民同心共力变成了更美丽的设计（图4-72、图4-73）!

3. 一家一笠，呵护全村

一顶斗笠，可以为一个人遮蔽风雨；如果每人拿出一顶斗笠，是不是能为更多的人

图4-72　村民搭建的玉米廊

图4-73　玉米廊的内部

遮风避雨？

　　停车场是村子与外界联系的必经之路，而光秃秃的停车场上并没有庇护和遮阴的地方，村里人出去在这等车或者外面的人在这下车时，不得不面对阳光的暴晒或者雨雪的淋漓。于是我们和村民协商如何用最低的造价搭建一个可供大家遮风避雨的地方。村子周边的山上有很多竹子，取之于自然，可以作为构筑物的框架，而村民们每家捐出一顶帽子，一方面可以增进大家的交流与情感，另一方面也贡献了屋顶的材料。我们把每个村民头顶的"小天"，变成了一整片"大天"，在这样的大天里，可以共同庇护每个人，也包括村外来的客人。帽廊选址在两个院墙之间，这里既是通往村里的门户，也是同时较为内向的空间可以形成相对避风的港湾，让小帽廊不至于被大风破坏。帽廊由竹匠一早上山砍竹子建造，底部用素混凝土固定，顶部和节点交接处用铁丝固定，整个安装过程由竹匠师傅在设计师的草图指导下完成，很多村民都来参与了小帽廊的搭建过程，也有很多村民戴着斗笠而来，最后把斗笠留在了这里……

　　这是一次村民共同缔造的结果，整个项目体现了低成本、低消耗和社区营造的基本理念，是设计微介入改变乡村的一次公益性尝试，通过小帽廊的建设，村民们加深了彼此的感情，对自己家乡更加热爱（图4-74、图4-75）！

4. 生死之间，艺术殿堂

　　安徽的民居，正中是祭祀先祖的厅堂，也是生着的人对已逝先人的对话空间。为了表达这种对生死文化的理解，我们邀请艺术家一起做了一次生与死的展出。展架依旧靠竹匠和免费的竹子来完成——一座在生的空间与死的空间之间的双层竹屏风。老竹匠按照我们的要求把竹节一层一层向上搭建，当搭建到一定高度时，困难出现了，很容易散架，经过与匠人商量，他们用麻绳先把竹节捆扎起来，像砌块一样层层砌筑。我们不得不惊叹于匠人们的智慧，很快这座双层竹屏风搭建成功，配合上光与丝带，在百年老

图4-74　村民搭建过程

图4-75　小帽廊内部

宅中，形成了变幻莫测的冥想空间，很多村民和游客把自己对生与死的理解写在小纸片上，留在了这里，这里成为一种心灵沟通的场地，让人们对这里、对宗祠、对生命，有了更多的思考（图4-76、图4-77）。

图4-76　竹匠搭建过程

图4-77　生与死展览

5. 持续不断，小微更新

通过一系列的小空间设计，我们与村民有了越来越深刻的交流，慢慢地，我们可以策划一些更"大"的项目，比如艺术展廊、老油坊改造、晒谷亭等。当然也有很多没能推进的项目，比如民宿、豆腐厨房……不过这些都不重要，重要的是越来越多的村民看到希望，加入到乡村的环境更新中来。

3.5　景观微治理意义

景观微治理是一种很轻的，以人居环境的整修作为入手点的策略，目的在于试探性地发掘乡村社区融合的潜力，以最小最轻的介入换取一种积极共情的生活状态。以往政府或者专家主导的乡村环境整治、乡村风貌治理等方式或过于强势，或过于专业，总是缺少一丝人文关怀，本书提出这样的一种策略是对微介入规划策略的景观学补充，或者称之为一种景观微介入的方式。

景观微治理投资少，甚至可以不投资，而且见效快，不仅生活环境立即改变，大家的情感也得到了改善，所以是一种很值得在全国乡村推广的方法，特别是那些资金有限、亟待改善的乡村。

4

新乡土建筑

建筑是乡村不可或缺的组成部分，也是乡村文化传承与发扬的载体。基于微介入的规划方法的核心关键在于介入点的准确性和有效性，而最佳的介入点通常是乡村中某个建筑单体的实施，因此以何样的方式设计乡村里的新房子或者改造既有的老房子，是当代建筑师面临的共同课题。过去乡村里的有历史价值的老房子被称为乡土建筑，如今建筑师的专业介入，面对的问题是如何造就能够传承乡土建筑发展的新乡土建筑。

4.1　乡土建筑与新乡土建筑

乡土建筑起源于何时很难界定，几乎从人类在地球不同的地区起源，有了建造活动开始，不同地域的乡土建筑也便随之出现了，在原始的过去，这些房子一定是就地取材的，能够应对地域气候环境的，长期的不断积累的人类智慧的结晶。

20世纪以来，工业文明的快速发展和全球化时代的到来，将很多现代的建造技术推广遍及到了全世界，"技术发展改变了人和自然的关系，改变了人类的生活，进而向固有的价值观念挑战。"[1]在这样的背景下，如何用全球共享的先进技术创造出不同的而又适合当地文化和环境的新建筑，是各国建筑师面临的一个难题，其答案便是如何设计和建造基于这个时代各种先进技术和材料研发的新乡土建筑。

---

① 吴良镛执笔. 北京宪章［C］. 国际建协UIA第20届世界建筑师大会. 1999：1-3.

4.1.1 匠人与乡土建筑

乡土建筑和新乡土建筑的概念在学术内有着广泛的讨论。关于乡土建筑，1999年墨西哥通过《关于乡土建筑遗产的宪章》（CHARTER ON THE BUILT VERNACULAR HERITAGE），指出"乡土建筑是居民自己通过传统的和自然的方式建造他们的房子，是一种持续的过程，不断地做出必要改变和适应性的调整以应对社会和环境的变化"[①]。保罗·奥利沃（Paul Oliver）在《世界乡土建筑百科全书》（*Encyclopedia of Vernacular Architecture of the World*，剑桥大学出版社）提出"乡土建筑"的定义，认为乡土建筑是本土的、民间的、适应当地环境的文脉，采用当地的资源和传统的技术，因特定的需求而建，并同当时的文化、经济及其生活方式相适宜。1980年著成，国内2011年出版的《没有建筑师的建筑》（*Architecture Without Architects*）一书中，鲁道夫斯基（Bernard Rudofsky）提出将那些属于非正统的建筑世界的、连个名字都没有的建筑定义为乡土建筑（vernacular）、无名建筑（anonymous）、自生建筑（spontaneous）、在地建筑（indigenous）或者农村建筑（rural）[②]。英国学者布鲁士·奥索普（Bruce Allsopp）所著的《建筑通史》指出将建筑分为"乡土的"和"设计的"，前者是本地的、本土的和有地方特点的，而后者是人工的、有教养的、不是自然生长的、设想的、设计的、规划的、有目的的和有打算的。上述定义都是基于西方建筑学视角的描述，显然西方社会中建筑师和工匠是明显区别的，建筑师的社会地位更高。

在中国，匠是指有手艺、技术的人，《周礼考工记》有匠人营国一篇，是中国古代造城的经典著作。而工匠便是与工程相关的匠人，中国古代建筑形制相对发展稳定，而工匠的创造和技术也重点关注建筑的建构和细节，因此，中国的工匠更加专注于工艺的发展、传承和细节。他们做事认真细致、精益求精、精雕细琢，这便是我国的工匠精神。李克强总理在2016年3月5日的《政府工作报告》中提到了工匠精神，也是通过中华优秀传统文化促进产业发展的重要举措。所以，在今天的中国，乡村的建设依旧需要"匠"，而能够成为这种"匠"的便是具有乡土价值观的建筑师。

中国历史上的名村古镇，也大多出自匠人之手，所以很难用没有建筑师的建筑来描述乡土建筑，中国很多乡土建筑之精美造诣，比如王家大院、西递宏村，显然不是一般

---

① CHARTER ON THE BUILT VERNACULAR HERITAGE（1999）Ratified by the ICOMOS 12th General Assembly, in Mexico, October 1999. Vernacular building is the traditional and natural way by which communities house themselves. It is a continuing process including necessary changes and continuous adaptation as a response to social and environmental constraints.

② 伯纳德·鲁道夫斯基. 没有建筑师的建筑 [M]. 高军译. 邹德侬审校. 天津：天津大学出版社，2011：3-7.

居民自己所能完成的，因为匠人便存在于民众之中。东西方建筑观的历史差异，会导致两种文化体系下对乡土建筑的不同理解。西方建筑史是围绕着宗教建筑的脉络展开的，建筑师也是建造与神对话的神庙、教堂建筑，因此是神圣的。东方建筑原本就是天人合一的，强调的是环境融合，强调形与势而不是建筑本身，即便是宗教也是从"舍宅为寺"开始的。因此东西方乡土建筑的概念有着一定的差异。

4.1.2　建筑师与新乡土

1997年"当代乡土建筑——现代化的传统"国际学术研讨会上，吴良镛院士提出乡土建筑的现代化：从地区文化中汲取营养、发展创造，并保护其活力与特色。简言之，即乡土建筑的现代化。英国学者维基·理查森（Vicky Richardson）在《新乡土建筑》（New Vernacular Architecture）一书中提出：新乡土建筑可以看作是现代性与传统性的统一体……更多的是对传统的形式、材料和建构技术作出新的诠释，而不仅仅限于修正。① 2000年清华大学单军教授完成了保罗·奥利沃（Paul Oliver）的《世界乡土建筑百科全书》翻译工作后，提出了新乡土建筑的概念：所谓"新乡土"（ neo-vernacular ）建筑或"乡土主义"（vernacularism）建筑，是指那些由当代的建筑师设计的，灵感主要来源于传统乡土建筑的新建筑，是对传统乡土方言的现代再阐释。②

从以上几个定义看出，所谓新乡土建筑就是传统乡土建筑的当代传承，通过现代技术、材料、建构方式来解读传统文化、地域特征、传统技艺等的新建筑设计，这样的建筑具备传统建筑的气质，同时又具备传承与发展的创新性，一方面是乡土的，同时也是现代的。其优势在于，让人们享受现代科技带来的便利的同时，也能够体会到强烈的心理认同感，从而达到心灵的慰藉。③

4.1.3　近年发展

近十几年以来，国内各个大学建筑学院教师，各大设计院、事务所的职业建筑师不断进入乡村进行乡土建筑实践，完成了不少高质量的新乡土建筑，也掀起了一股乡建热潮。但各路实践者的目的不同、方式不同、理念不同，也产生了不少的问题，总的来

---

① 维基·理查森. 新乡土建筑［M］. 吴晓，于雷译. 北京：中国建筑工业出版社，2004：1–17.
② 单军. 批判的地区主义批判及其他［J］. 建筑学报，2000.11：22–25.
③ 支文军，朱金良. 中国新乡土建筑的当代策略［J］. 新建筑，2006.06：82–86.

说，广泛的关注毕竟给乡村带来了更多的机会和资金，总是能给乡村带来一定的益处，但是也不乏一些立场不对、自我标榜，甚至抱着和村民对立，想来谋求一些商业利益的参与者，所以其实践结果也大相径庭。很多作品炒作和作秀多于使用；也有一些房子常年紧锁大门，成了村民需要绕过的禁地；更有一些房子，已经开始破落老损。

在乡村建设方兴未艾的背景下，2015年国家住房和城乡建设部组织了第一届田园建筑优秀实例评选，2016年举办了第二届，两年一共产生了18个一等优秀实例，其中15年12个、16年6个。由住建部村镇司组织，评审范围要求是位于乡村中的农村住房、公共建筑和生产建筑，即乡村中的建筑，这些优秀的、当代的新田园建筑是当代乡村中新乡土建筑创作的探索，将这些一等优秀项目进行一定的数据分析，可以发现我国新乡土建筑的一些规律和特点。从笔者全国各地调研的实际感受来看，也基本上可以验证这些数据分析的结论（表4-5）。

2015—2016年住建部田园建筑一等优秀实例数据分析 　　 表4-5

项目名称	所在省份	公建或居住	新建或改造	落成时间
西柏坡华润小镇	河北省	居住	新建	2011
后城镇小学食堂	河北省	公建	改造	2008
古镇都村民居	山东省	居住	改造	2000
老牛湾村委会	内蒙古自治区	公建	新建	2015
沙袋建筑	内蒙古自治区	居住	新建	2014
马岔村活动中心	甘肃省	公建	新建	2014
西河粮油博物馆	河南省	公建	改造	2014
景坞村绿色农居	浙江省	居住	改造	2014
平田农耕博物馆	浙江省	公建	改造	2015
文村民居改造	浙江省	居住	改造	2016
浙商希望小学	湖南省	公建	改造	2008
下石村桥上书屋	福建省	公建	新建	2009
A0立体院宅	四川省	居住	改造	2014
手工造纸博物馆	云南省	公建	新建	2009
哈尼族民居改造	云南省	居住	改造	2012
新街镇爱春村	云南省	居住	改造	2012
西浜村昆曲学社	江苏省	公建	改造	2016
祝家甸砖厂	江苏省	公建	改造	2016
比例分析（%）	北方38	居住44	新建33	2010年前28
	南方62	公建56	改造67	2010年后72

（来源：笔者整理）

从上述数据可以推断，国内乡村建筑的情况南方多于北方；公共建筑较多，居住较少；在获奖项目中改造类和2010年以后建成的项目达到了三分之二以上。

4.2　基于"四缘"价值观的建筑创作

四缘是新乡土文化构建的方法，基于四缘的尊重与思考是新乡土建筑的核心价值观念。通过对四缘的分析与判断，选好设计的切入点，对于新乡土建筑的设计有着重要的指导意义。

4.2.1　因循地缘的当代乡土民居

地缘是世界上任何一个国家或地区乡土建筑孕育的土壤。在科技不发达的过去，就地取材，用低技术策略应对气候环境、自然灾害、社会问题是人们必然的选择，因此，不同的地缘特征也引发了各异的乡土建筑。

王澍的文村实践可以看作是基于"地缘"思考的案例。他和妻子陆文宇老师从2012年开始奔波于文村和杭州之间，立足乡村研究和新乡土建筑的设计，从乡土建筑传统中探寻更有智慧的建造方式。陆文宇老师说：希望通过文村实践来破解城市飞速发展和乡村日益凋敝的现状，在当代中国的现实中，重塑起乡土文化的自信和复兴。

从整个乡村的地缘考虑，王澍长期认真研究了当地的民居，跑遍了杭州附近的乡村，决定采用就地取材、旧材回用的原则，运用当地传统建筑手法，例如杭灰石、黄泥夯土、抹泥斩假石等，结合不同的户型提供民居的"差异性"；从单个建筑的地缘考虑，每栋房子都结合地形地势走向及周边景观视线，朝向均为正南偏西，在非常局促的9亩地之中，实现了24栋民居的排布。用地的紧张，反映了江浙沪地区人口高密的特点，政府要求每户面积都控制在120平方米以内，建筑面积在200～250平方米之间。面对如此严格的条件，王澍坚持每一户都进行不同的"差异性"设计，他认为：差异性就是人生存的一个基本的前提。[①]这种差异性源于对每个房子不同用地位置的解读，也源自每一户人家的意见，王澍和他的团队带着图纸挨家挨户地跑，征询村民意见，"村民

---

① 王澍，陈卓. "中国式住宅"的可能性[J]. 时代建筑，2006.03：36-41.

图4-78 改造后的文村街道　　　　　　　　图4-79 改的与没改的
（来源：笔者自摄）　　　　　　　　　（来源：笔者自摄）

一旦有意见，我们就得改。"[①]看得出，文村实践是对当地乡土文化的深刻理解，体现了建筑师对地缘的无比尊重（图4-78、图4-79）。

每个房子的差异性非常重要，当然这种差异性不仅体现在空间上，还要体现在时间上，从微介入的角度看，二十几栋同时实施还是显得有些过多，如果能一年弄个两三栋，不断地修复，显然更加好一些，比如从图4-79的一个局部看，新旧房屋错落更加彰显自然。

4.2.2　尊重血缘的传统民居改造

血缘是中国乡土建筑的空间关系的重要表达。比如北方四合院的正房与厢房常常暗示着父子关系；江南庭院的内外院体现了家族的男女之别；福建土楼的形态表达了一个宗族家庭的空间界定；广东围龙屋的院落层叠体现了家族的伦理关系等。因此，新乡土民居的设计要充分考虑血缘在建筑中的空间表达与延续性。

朱良文的蘑菇房改造可以视为对"血缘"的传承与思考。朱教授长期致力于云南乡土民居的研究，并结合研究对传统民居进行舒适性改造。元阳阿者科哈尼族蘑菇房保护性改造是传统民居现代化改造的一次尝试，作为哈尼族文化代表的土掌房和蘑菇顶，在这个时代已经不再满足人们现代生活的需要，这种房屋底层架空作为牲口棚，中间住人，顶部储存粮食，从宜居角度而言已经不再适合今天的生活，但是朱良文老师的研究所还是垫资对这样一种古老的民居形式进行改造研究。一栋蘑菇房60～80平方米的茅草

---

① 裘一佼，童笑男，倪鹿华. 大师王澍，寻路文村［N］. 浙江日报，2015年12月1日第17版.

屋顶约需要1.5吨的茅草，在保护好的情况下5~6年须更换一次。[①]与施工简单造价不高的混凝土屋面相比，原本最传统的廉价建造方式似乎已经成为一种新的负担，然而在极其有限的资金条件下，朱老师毅然选择了继续用传统的建造方式修复屋顶，在他看来，茅草的蘑菇顶已经超越了其建筑功能本身的价值，而成为哈尼族民居的象征符号，也便是一种民族血缘的继承与发展。或许在现代生活的模式里，血缘已经被时代特征所淡化，但是一个好的乡土建筑改造，正是一个人们可以于其中感受传统生活的伦理，触及那份久违的血缘脉络的地方（图4-80、图4-81）。

图4-80 蘑菇房室内效果
（来源：图片引自住建部"田园建筑优秀实例研究"课题）

图4-81 蘑菇房外部效果
（来源：图片引自住建部"田园建筑优秀实例研究"课题）

4.2.3 重视业缘的乡村公共建筑

业缘给予新乡土建筑最生动的活力与生命力。中国的文明是农耕文明，而农耕体现了一个"业"的含义，有业才有村庄，才有安居乐业的人。乡村人口的大量流失、空心村的大量出现，其实和村里已经无"业"密切相关。当产业不足以提供居民生活的全部物质需要的经济来源时，人口的迁徙自然在所难免。因此，对于凋敝的乡村，解决业的问题才是乡村复兴的关键。当然业不是随便选的，还要尊重缘，也就是历史，如果能够设法发展一个乡村原本的业，才真正处理好了业缘的问题。

何崴老师的西河粮油博物馆就是一个基于"业缘"切入点的思考。这个项目建设资

① 朱良文. 对贫困型传统民居维护改造的思考与探索［J］. 新建筑，2016.04：40-45.

金来自于政府补贴和村民组成的合作社，由农民自己经营，将老的建于20世纪五六十年代的西河粮油交易所改造成一座粮油博物馆和村民活动中心，并帮助村民策划了"有机茶油"等产品，设计了"西河粮油"这个品牌，通过这个项目恢复了具有300多年历史的手工榨油的工艺。

博物馆的设计非常简单，加固和修复，再增加一些颇有心思的小细节设计，比如竹格栅和花砖墙，花墙是对当地花砖砌筑方法的改良，建构了一个富于视觉感染力的镂空山墙。[①]事实上，这样一座房子的设计已经被弱化，因为全部由当地村民施工完成，所以很多时候不是图纸而是建筑师口述和现场的草图指挥。整个建造过程中，建筑师强调保留建筑宅地的历史记忆，对功能环境做现代要求的梳理，包括消防水池也被改造成儿童嬉戏的乐园，大体量的空间依旧保留着当初功能的一些特质的要求，这些看起来没有什么大手笔的改造方式和理念体现了建筑设计者对一个乡村业缘的尊重与理解（图4–82、图4–83）。

图4-82　改良的花砖墙
（来源：图片引自住建部"田园建筑优秀实例研究"课题）

图4-83　改造后的晒谷场
（来源：图片引自住建部"田园建筑优秀实例研究"课题）

4.2.4　促进情缘的交流空间改造

情缘是新乡土文化的升华，也是当代视角下社区文化在一个乡村中的体现。如今的乡村人口构成与社会结构在不可逆转地改变。在地缘和血缘日渐被淡化的当今社会，加强基于集体文化或者社区文化的共同体情缘建设，是新乡土建筑创作的新方向。

建筑师徐甜甜的平田农耕馆便是基于"情缘"的社区公共空间改造。农耕馆位于

①　何崴，陈龙. 当好一个乡村建筑师［J］.建筑学报，2015.09：18–23.

浙江松阳的古村落平田村。用小体量的废弃民居进行改造，一方面作为传统农耕和手工业的展示区，另一方面作为村民文化活动中心。这片民居实现了功能的置换，在保持外面形态不变的前提下进行了新的整合：部分建筑内部的隔墙和楼板被打开，形成了流畅的公共活动流线。建筑设计采取了多种多样的乡土做法，包括夯土墙、木结构、瓦屋面等，设计师与当地的工匠一起研究这些乡土做法的构造方式，并将研究成果展示在这个房屋里，这些建造方式也成了农耕馆的一种活的展品，当村里人盖新房时尽可能在这里进行讨论，研究采用何种建造方法，总结经验和发现问题。

在乡村设计方面，徐甜甜提出了"片区"的改造策略，由一个点引发带动一个片区的整体发展，"结合使用功能可以有不同的空间格局与技术提升、景观和环境改造。在向周边延伸的过程中始终关注左邻右舍之间的协调以及整体村落风貌维护"[①]。一个片区的形成需要集体力量的支撑，需要获得更多村民和房屋业主的支持，这便是在一个成功点的基础上引发周边点的共识，在这个过程中，不同村民、邻里之间基于对新乡村文化理解的情感共识产生了，形成片区可以使村民的利益和乡村的风貌得到整体提升，这便是基于乡村利益和情感共同体的情缘价值的产生（图4-84、图4-85）。

图4-84　农耕馆改造后的室外效果
（来源：图片引自住建部"田园建筑优秀实例研究"课题）

图4-85　农耕馆改造后的室内效果
（来源：图片引自住建部"田园建筑优秀实例研究"课题）

---

① 徐甜甜. 平田农耕馆和手工作坊 [J]. 时代建筑，2016.02：115-121.

4.3 改造更新是基本立场

乡村是既有的存在，有着少则几十年多则上千年的历史，其布局和形态是人们世世代代智慧的结晶，接近生活原真的合理性。这种长时期以使用者的经验作为判断的集体创造不是任何一个建筑大师或者设计团队一时间的参与所能比拟的。因此拆旧建新的方式是不对的。大拆大改表面上看不环保、经济浪费，但实际上远远不止，更加惨痛的是历史记忆和文化传承上不可挽回的损失：生活习俗、邻里关系、心理变化等这些拆迁带来的看不见的各种潜移默化改变让乡村风貌产生了不可预计的异变。

从2015~2016年田园建筑优秀作品来看，一二等奖的改造项目比例达到了三分之二以上，聪明的建筑师一定采用站在前人肩膀上的立场来做设计，而不是简单粗暴地拆除，拿一块新的项目用地来做！

另外一种值得警惕的问题是在我们接触的乡村中，很多村镇领导出于保护老房子的目的，将大量的老房子从村民手中腾退出来，然后打算整体开发和保护，这种方法实际上本末倒置，房子不仅仅是用来保护的，一旦失去人住的房子很快就会失修坍塌，成为虫鼠之地，实际上对老建筑造成了更加严重的破坏！

4.3.1 原结构加固

原结构加固法是保持原来的承重结构不变，对承重构件进行再加固从而达到使用目的的改造方法。这种方法的优点是拆改量比较小，造价低廉，施工方便，外貌不变，操作简单。对于原有墙体采用0.5~5厘米厚的聚合物砂浆进行加固，再利用碳网等材料对楼板进行加固。为了保留原建筑的风貌与历史记忆，原结构加固法尽量采取内部加固的策略（图4-86、图4-87）。

4.3.2 新框架支撑

新框架支撑法是不依赖原结构的承重作用，采用新的框架结构进行承重，将原有墙体视为维护结构的方法。这种方法基本需要将除了外墙以外的构件拆除，然后在内部重新构造新的结构体系。这种方法拆改量较大，造价适中，有一定的施工难度，外貌也会有一定的变化。适合于屋顶、楼面破损或者原来的层高不能满足使用需要的房屋改造。

2016年住建部田园建筑最佳艺术创作实例西浜村昆曲学校便是采用的这种改造方

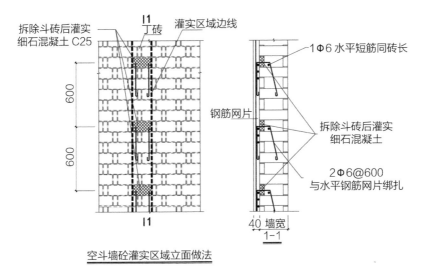

拆除斗砖后灌实
细石混凝土 C25

I1
丁砖

灌实区域边线

钢筋网片

600

600

I1

空斗墙砼灌实区域立面做法

1Φ6 水平短筋同砖长

拆除斗砖后灌实
细石混凝土

2Φ6@600
与水平钢筋网片绑扎

40 墙宽
1-1

图4-86 某民居空斗墙灌浆夹板墙设计
（来源：笔者实际建设项目）

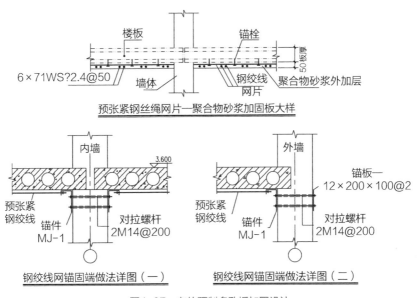

楼板

锚栓

50板厚

6×71WS?2.4@50

墙体

钢绞线
网片

聚合物砂浆外加层

预张紧钢丝绳网片—聚合物砂浆加固板大样

内墙

3.600

预张紧
钢绞线

锚件
MJ-1

对拉螺杆
2M14@200

钢绞线网锚固端做法详图（一）

外墙

锚板—
12×200×100@2

预张紧
钢绞线

锚件
MJ-1

对拉螺杆
2M14@200

钢绞线网锚固端做法详图（二）

图4-87 老的预制多孔板加固设计
（来源：笔者实际建设项目）

式，在4号单体的改造过程中，采用了与原结构脱开的工字钢柱子作为内部承重构件，重新恢复了顶部已经塌落的民宅。通常新的结构要让开老结构50毫米以上，而底部在建筑不是很高的情况下，柱础可以固定在混凝土垫层里（图4-88、图4-89）。

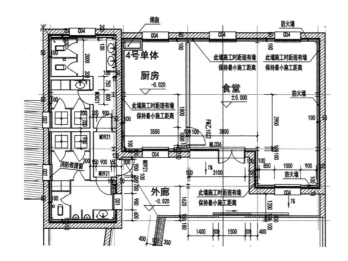

图4-88 新框架承重改造平面图
（来源：笔者设计施工图）

图4-89 新框架柱子与墙分离
（来源：笔者拍摄）

4.3.3 安全核植入

安全核植入法同样不依赖于原有结构，通过置入安全、舒适的内核来保证内部使用空间的方法。这种方法拆改量适中，造价较高，有一定的施工难度，外貌基本不变。适合于单层、内部空间较大、基础实施比较困难的房屋。

在祝家甸锦溪砖瓦二厂的改造中，采取了在废旧砖厂上层中植入三个安全核的设计理念，以最轻巧的方式化解一个危房的加固问题。安全核没有基础，放置在砖窑厂上层的地面上，全部采用钢结构框架制成，形成了稳定的内部空间。安全核可以采用钢结构、混凝土结构、壳体结构等形式（图4-90、图4-91）。

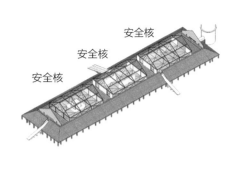

图4-90 安全核植入示意图
（来源：笔者自绘）

图4-91 安全核内部照片
（来源：笔者自摄）

4.3.4 拆解再构造

拆解再构造法类似文物修复的方法，将建筑构件一一精心拆解，然后标记，再逐个加固、修复或者替换，再按照拆解顺序逆向、采取适当的现代技术重新建造的方法。这种方法拆改量很大，造价不菲，施工难度大，外貌和内部空间基本保持不变，适用于有一定历史价值、比较重要的历史建筑或构筑物的改造或者再利用。

东西浜村的山谿桥便是这样一个案例，这座古桥修建于明代洪武年间，因市政建设、危改等原因不得不迁离位置。于是将桥分解，逐个石头、栏杆、铺地进行了编号，对破损的构件进行修复和打磨，再利用现代的施工方法、加固技术将原来的材料重新建造，同时植入了灯光等设备。新桥原汁原味地展现了洪武年间的历史形象，同时安全实用，成了村里非常值得一提的景观构筑物（图4-92、图4-93）。

图4-92 拆解后的山谿桥
（来源：笔者自摄）

图4-93 再造的山谿桥
（来源：笔者自摄）

4.4 环境应对是不变原则

环境应对是基于"四缘"文化观念的重要原则,体现了对于地缘特征、血缘关系、业缘趋势和情缘状态的反应。建筑的环境包括自然环境、社会环境和两种环境的发展变化。

4.4.1 形体隐于自然

乡土建筑体量小巧,坐落于山水田园之间。如何让人工造物消隐于自然环境,是中国乡土建筑设计一直不变的主题。古诗中写道:"方宅十余亩,草屋八九间。榆柳荫后檐,桃李罗堂前。"[①]描绘的正是这样一幅田园乡村的画面:十余亩的宅地,有八九间草屋,榆树柳树把影子落在后面的屋檐上,桃树李子树排列在屋堂之前。如此气象,诚如王澍所说:"在中国文化里,建筑在山水自然中只是一种不可忽略的次要之物。"[②]

西方巨哲海德格尔(Martin Heidegger)在《人,诗意地栖居》一文中写道:"诗首先把人带向大地,使人归属于大地,从而使人进入栖居之中。"[③]栖居两个字否定了过多的人工造物,而强调使人融合于自然,栖居于大地之上。

徐甜甜设计的大木山茶亭便是一种隐入自然的概念,采用了最简单的建造方式,限定了公共空间,同时将其消隐在大自然的山水环境中。像是一幅极简的白描作品,在山、云、田之间勾勒出一丝人的生机(图4-94、图4-95)。

4.4.2 场所融于生活

乡土建筑的智慧在于对生活经验的反馈与不断积累,不同于建筑师一时的思考,乡土建筑是生活于其中的人长期应对自我需要的结果。因此,新乡土设计必须要融入原本在地的生活,其植入尽量不改变以往的生活状态和场景,而是在某些技术层面的更新。新乡土建筑是在乡村中的一种织布,体现的只是某一小块的更新,至于建筑,是被生活的场景所弱化的,其存在只是让人们更好地生活。

---

① 引自东晋诗人陶渊明的《归园田居五首》其二。

② 王澍,陆文宇. 循环建造的诗意 [J]. 时代建筑:2012,02:66-69.

③ 海德格尔. 人,诗意地栖居:超译海德格尔(The Poetical Dwelling of Human Beings)[M]. 郜元宝译. 北京:北京时代华文书局,2017:88-95.

图4-94 隐入自然的茶亭
（来源：图片引自住建部"田园建筑优秀实例研究"课题）

图4-95 劳动中的茶农
（来源：图片引自住建部"田园建筑优秀实例研究"课题）

　　江苏昆山的西浜村昆曲学社便是一种融入乡村生活的设计，整座学社由四栋民房改造而成，实现了乡村机理的织补。在整个实施过程中，与邻居老顾、李大娘家进行了多次方案沟通，采取了避让、互助等手段协商沟通。特别是老顾家的鸭棚，多次沟通才得到相互认可，为此取消了前院的外廊。乡村建筑设计与施工便是这样一种不断沟通和互相理解的过程，许多看起来比较特别的点正是不断相融而趋于合理的过程（图4-96、图4-97）。

图4-96 织布后融入乡村
（来源：笔者自摄）

图4-97 学社与老顾家
（来源：笔者自摄）

图4-98 加建的内部教室
（来源：笔者自摄）

4.4.3 空间谋于发展

乡土建筑具备与时俱进的特征，随着时间的推移，乡土建筑周边的自然环境和社会环境不断发生变化，而乡土建筑也需要根据这些变化来进行相应的调整。由于乡土建筑规模小，面对纷繁复杂的功能变化时，乡土建筑需要用有限的空间提供多种可能性，因此，新乡土建筑设计应该具备这种前瞻性或可持续性，不宜过多地限制空间，从而保持一定的灵活性。城市建筑可以搞功能分区，乡村建筑只能研究功能的复合。

在锦溪祝家甸古窑改造过程中，一开始只是考虑将二层植入安全核，满足一些展示和村民集会功能。随之而来的是随着参观的人增加，名气的增加，好多政府和学术组织希望能来这里开会，于是大空间有时作展厅，有时作会场，有时作拍卖。接下来当地政府希望对底层进行加固。加固了以后经营方又希望能为来访者提供一个咖啡吧，后来又希望有几间教室。随着人越来越多，又加建了厨房和餐厅。这个房子一直在修修补补，从一开始的没有室内面积到后来发展成一个咖啡厅、一个餐厅、一个书屋、一个教室、一个办公室……显然这个过程不是一蹴而就的，从三个安全核到八个使用空间的塑造用了三年多的时间（图4-98、图4-99）。

图4-99 加建的老窑餐厅
（来源：笔者自摄）

4.5 材料技艺是发展方向

新乡土建筑和任何建筑一样，是由材料及材料的建构方式构成的。因此，材料和建构技术是研究乡土建筑本体的核心内容。区别于其他建筑研究范畴，乡土建筑的材料和建构技术偏重于与传统材料和乡土特征相关的研究，包括传统材料的科学化和现代材料的乡土化。

4.5.1 乡土材料技艺的现代化

乡土材料是以往乡土建筑的主要选材，中国乡土建筑特别依赖于土与木，将建筑称为土木工程。然而今天，有点讽刺意味的是土与木几乎都不再使用：从工程学而言，所谓土木工程专业毕业的学生根本不懂得如何去计算土木的受力性质，木柱子和土坯墙作为自然材料用现代的科学方法无法计算。从建筑学而言，土木材料的热工性能、防火性能、防水性能等指标也往往不容易被证实或者认证，因此被大量弃用。这样的材料还包括竹、石、草、泥等，除此之外，制作加工安装土木等乡土材料的传统技艺也随之被弃用。如何让这些材料可以被定性和量化计算，让传统工艺满足现代标准的检验，是当代建筑师义不容辞的责任和使命。

比如对于土的研究，原西安建筑科技大学的穆钧老师对于生土做了很长实践的研究和测试，并开始着手研究生土材料的规范和测试方法，尝试了大量生土建筑的实际建造。例如马岔村村民活动中心项目，一边施工一边对当地工匠和村民进行夯土技术的培训，并同时推广夯土技术。房屋使用了50厘米厚的夯土墙，虽然是就地取土，但也要进行一些改良，加入细砂和石子。做法类似于混凝土施工，需要使用模板和夯筑工具，被称之为"生土混凝土"[①]（图4-100、图4-101）。

再比如对于竹的研究，现在当下的乡土建筑大多数把砍下来的竹子直接用于施工，但是由于竹子内部的糖分还在，竹子很容易被虫蛀，甚至发霉变黑。在竹子的调直过程中，大部分小加工厂采用的是烧烤的方式，这样的加工方法很容易造成竹子上一段一段的熏黑，造成了竹子的不美观。比较好的方法是将竹子进行蒸熏处理，彻底杀死竹纤维里的微生物并去除糖分，使其彻底地纤维化，这样才能像无机材料一样形成稳定的耐候性，并在这个过程中同时进行调直的处理。在西浜村昆曲学社的设计中，不仅竹木保持了良好的状态，同时结合竹木的特点，还增加了很多竹灯的设计，利用竹子内部的空腔作为线槽，将灯集合在竹子这种传统材料当中（图4-102、图4-103）。

图4-100　马岔村村民活动中心
（来源：图片引自住建部"田园建筑优秀实例研究"课题）

---

①　李强强. 基于现代夯土建造技术的马岔村村民活动中心设计研究 [D]. 西安：西安建筑科技大学, 2016.

图4-101　活动中心室内效果
（来源：图片引自住建部"田园
建筑优秀实例研究"课题）

图4-102　西浜村昆曲学社的竹墙
（来源：笔者自摄）

图4-103　学社竹墙里的小灯
（来源：笔者自摄）

　　除了土与竹，乡土材料还有很多，如何将这些乡土材料现代化是乡村建筑师不得不面对的课题。特别是木的研究，困难重重，当前市场上能达到B1级的木望板材料基本是一般木板材价格的三倍；而木结构的计算在大多数设计单位都还是不可能的事情。

4.5.2　现代材料技术的乡土化

　　新乡土建筑与传统乡土建筑的差异在于新乡土建筑中要引入新的现代材料和技术，这是新乡土建筑时代特征的表现。但是为了保持乡土特征，现代材料进入乡土领域时应当保持谦逊的态度，使其融入乡土环境而不是显得格格不入。这就要求现代材料必须乡土化才能符合新乡土建筑的使用要求。以往乡村新建筑的很多失败在于忽视了现代材料和技术的乡土化，而直接投入建设使用，因此造成了多元混杂的乡村。当然现代材料技术的乡土化不能简单地理解成现代的材料做成复古的形式，而应当是存在某种缺陷的传统材料的科学置换，或者说，即符合美学又符合工程学的合理替代。

比如台湾的谢英俊先生，一直致力于轻钢体系的研究。他的理念源自中国传统穿斗式民居的结构体系，并利用质量更加稳定的轻钢框架取代传统乡土建筑的承重体系。轻钢自重轻，易于加工和施工，这种方式可以让村民自己参与到建设中来，让村民自己给自己盖房子。所以他不是设计房子，而是教村民自己盖房子，并且将房屋的造价降至最低，他的作品大量出现在地震灾后重建当中。在锦溪的民宿学校项目中，为了教会农民使用轻钢框架体系，政府和设计单位做了大量的努力，将轻钢体系做成一种示范。在这个项目中。谢英俊老师担任了设计团队的结构顾问，通过三维优化计算满足设计方提出的各种悬挑、架空要求。让大家领略了轻钢结构丰富的可塑性和延展性（图4-104、图4-105）。

再比如对于瓦的研究，过去的小青瓦和泥瓦都比较重。施工大多为湿作业，是艺术活儿，有一定的难度。如何用新的材料在能达到老瓦效果的前提下，提供更轻、更安全便利的产品？我们想到了金属瓦，但市场上金属瓦生产商，只有模仿古代筒瓦的产品，大多用于仿古建筑，样子古板，于是在我们的设计下，一家厂商专门开模生产了金属波形瓦，这种样式比较简单，在我国农村有大量应用，而用金属制造，安装方便，轻盈了许多。为了提供更好的品质，可以采用铝镁合金的金属瓦，为了降低造价，也可以采用纯铝的金属瓦。除了金属瓦，还有利用有机玻璃制作的透明瓦，这些新材料经过模具加工，再根据其特点进行构造上的改进，便可以成为乡土化的现代科技材料（图4-106、图4-107）。

图4-104　民宿学校的轻钢框架
（来源：笔者自摄）

图4-105　轻钢体系与木纹板
（来源：笔者自摄）

图4-106 施工中的金属瓦
（来源：笔者自摄）

图4-107 祝家甸古窑文化馆的透明瓦
（来源：笔者自摄）

4.6 新乡土的探索无止境

新乡土建筑设计的方法在不断地被创新和创造着，非一文一时所能尽述。这里从文化价值观、立场、原则、方向等方面去陈述新乡土建筑的一些基本思想，分享在实践过程中的一些经验，如同在新乡土建筑的浩瀚潮汐中拾撷几缕，以作抛砖引玉，激发新乡土建筑创作之广大智慧……创新一直是被期待的，但并非一蹴而就的，无论如何，这是一条漫长的路。之前，介绍的国外和台湾的建筑师，他们以30年、20年、10年等的生命去实践一种对"乡"的情怀和理想，这最是我们身处这个浮躁时代的中国建筑师所需要的，进入乡村的建筑师，无论源于何者，只盼皈依这片乡土时，能够静下心来，慢慢地与时间做朋友。

乡土建筑被认为是没有建筑师设计的建筑，很多历史文化名村和传统村落也被认为是没有规划师的规划。事实或许真的如此，但这并不重要，重要的是在今天，社会分工的专业化和人居环境的品质化发展需要有建筑师、规划师的介入，而不能再像过去一样任其发展，然后通过优胜劣汰来选择。所以我们提倡微介入的规划设计和有建筑师负责的新乡土建筑。这样看来，设计师的核心任务不是表达个人认知，而是衔接历史，衔接从无设计到有设计的文脉与精神传递。而这种设计注定是无止境的，一代更比一代强地传承下去。

5

在地陪伴

前文所介绍的国外和我国台湾地区的建筑的乡村实践中，无一例外都超过了五年以上的实践，大多数超过了20年甚至30年，可以说是用建筑师一生的时间去持续关注某些乡村的发展。这样的行为我们称之为在地陪伴，也是新乡土建筑实施最有效的方法。

5.1 乡村建筑师 = "赤脚医生"

在乡村里做建筑，处理的关系远比城市里复杂。在城市里，建设用地大多三通一平，规划条件清晰明确，大家按照要求设计便可以；而在乡村，建造项目需要考虑邻里关系、风俗习惯、经济耐用等很多方面的内容。建筑师要向社会学专家学习，深入乡村，实地解决困难；建筑师要向规划师学习，全程统筹，考虑长远的发展计划；建筑师要向艺术家学习，提高村民的品位，把乡村当成传世的艺术品；还要掌握结构、电气、暖通、给水排水等各种知识，以便处理一个小项目得心应手，顾及方方面面。因此，乡村要求建筑师是"万金油"，什么都会，或者是个"赤脚医生"，包治百病，即便治不好，也至少是个全科大夫，能够提出有出路的见解或者给村民指明方向。

之前介绍的陈永兴先生就是这样一位"赤脚医生"，他长年驻扎在后壁土沟村，与村里的村长、村民打成一片，鼓励他的学生到乡村中创业，调和村民生活，一点点做一些小的改造，改改废弃的猪圈，搭建一个木头的小图书室，修几个比较特别的小景观⋯⋯这些事儿都很小，但是需要付出许多，这便是乡村建筑师的精神，他所获得的是一个小乡村的发展，以及乡村里人们对他的认可与亲情（图4-108、图4-109）。

图4-108　陈永兴乡村里的水牛事务所
（来源：笔者自摄）

图4-109　驻场建筑师帮村民搬东西
（来源：笔者自摄）

我们的乡村同样需要能看"全科"的乡村建筑师，而且这样的"全科"建筑师必须提供有效的驻场时间，以便随时"出诊"。

5.2　乡村设计师的制度保障

我们的乡村亟待建立乡村建筑师制度。在欧美的小村镇里常常设有管理委员会，这个委员会多半是民间组织，成员中也有懂建设的人；在日本，政府更是将传统工匠"养"起来，每年给他们一些项目，多半是将村里的老建筑进行翻新，这些匠人不仅改善了乡村的特色，也让传统技艺得以保护和传承。

乡村规划师、建筑师制度是确保每个乡村有专门的规划师、建筑师驻场，指导并不断完善规划建筑设计。该制度可以保障乡村设计的可持续性和完整性，但是对人力和资金也提出较高的要求。从政府和业主的角度，应当对驻场建筑师予以经济和生活上的一些支持，从设计师角度，我们也提出业余设计的方法，依托建筑师的情怀提供更多的感情支撑，将乡村建设作为一种情怀和业余喜好。

5.3　乡村设计师的情怀依盼

　　这个时代似乎赋予了乡村建筑师太多的责任和义务，我们需要怎样的方式来支撑这个模式的存在？中国古代的匠人是懂建造的农民，赤脚医生也是半农半医的农民或者下乡的知青，那么这个时代需要的乡村建筑师也可以是多身份的。在我国台湾，承担这个使命的有职业建筑师、大学老师、社会工作者、艺术家、学生等很多行业，他们置身于乡村，源于对田园生活质朴的理想，对文化传承坚持的执着。同时，乡村和大自然也回馈他们不断的创作灵感与积淀。

　　我们已经经历了数十年的经济建设，已经太久地面对高楼大厦和忙碌生活，自然地会有一种力量驱使我们停下来，驻足宁静的乡村，感受原本的生活，这种驱力有人称"乡土关怀"[①]，建筑师大多谓之为"情怀"，也有人称之为"乡愁"。这种情怀与乡愁不仅建筑师有，城市里的人都有，释放这种情怀已经越来越多地成为大家的共同需要，有人认为是经济的商机，有人认为是文化的危机，亦有人认为是发展的时机，无论怎样，这个时代需要乡村建筑的存在，这些建筑师未必多么会做建筑，但是一定要懂建筑；未必多么善于规划乡村，但是一定要懂得怎样能让乡村更好地生长。

---

① 徐杰舜，刘冰清. 乡村人类学［M］. 宁夏：人民出版社，2012：67−69.

6

方略：从文化到营建

鉴于之前大量的分析与研判，我们提出一套从"建立基于地缘、血缘、业缘、情缘的乡土文化价值观，基于文化传承的微介入规划，基于社区文化的景观微治理，基于乡土文化的新乡土建筑设计，基于长久陪伴的推演与容错"一整套完整的乡村营建策略，并进行了相应的实践，这套体系具备对复杂工作的试探性、允许偏差的科学性、简单易懂的现实性。

基于以往乡村建设的大量问题引发的研究与剖析思考，我们将经济以外的问题归因于文化失序，因此通过乡村文化的研究和解析找到适合乡村建设和发展的技术路线。事实上，从文化着手解决乡村建设问题在国外及我国台湾地区已经有一些成功的案例，但面对中国大陆纷繁复杂的现实情况和体制特点，尚无系统的方法体系。我们尝试通过乡村调研、数据采集、案例分析、实践检验等方法提出并复核该方法体系的有效性。

"微介入规划"理念由崔愷院士指导提出，作为弟子，我尝试将其整理成完整的乡村规划方法体系，包括选点、推演、实施、容错、修正、开放式设计等全过程。而且通过已经持续五年多的祝家甸乡村复兴实践的跟踪调查，来阐述该项研究的效果。当然五年的期限远远不够，我们还将继续利用以后的学习工作时间持续进行检测。关于"微介入"的概念，之前也有一些研究提出，但大多是建筑介入方法，是建立在"总体规划及主街设计"[①]基础上，逐步实施微介入的方法，这与本书所言"微介入规划"概念不同，我们不主张在微介入之前先进行"总体规划"，作为建筑策略，与规划和产业策略并置。[②]

根据海内外社区营造的实践经验和安徽省黄山市歙县汪村、绩溪尚村的实践，笔者尝试提出"景观微治理"的乡村景观改造策略，并根据实践的效果总结了一整套实施方

---

① 雷楠. 张家桐美丽乡村规划——基于现状、微介入式的村落更新 [D]. 北京：清华大学，2014.
② 耿云楠，王泓珺. 城镇化进程中的景宁县畲族村落的保护与更新 [J]. 建筑与文化，2016.09：246-247.

法体系。上述实践已经在当地产生了一些效果，后续将继续深化研究。景观微治理是对社区营造实操方法的归纳和总结，通过具体实践取得了良好的效果。社区营造的对象是人，需要社会学者长时间的在地参与，这对于设计师而言可操作性不强；而景观微治理的对象是乡村环境景观，是设计师易于介入乡村设计的有效策略。相对"环境整治""景观治理""景观优先"等概念，"微治理"的观念更加强调易于实施的轻微治理。在介绍一些乡村建设案例的时候，不少人问我如果一个乡村没钱，穷困得紧，该如何办？我想即便是最穷的乡村，只要还有人在，做些微治理的工作总是可以的，至于能否通过微治理与共情产生更大的突破，那也只能看其造化了。

中国新乡土建筑设计内容博大精深，备受关注，谈及此题，建筑师不得不为之神往。但关于新乡土建筑的界定、评价标准也总说纷纭，非短期研究所能及。加之篇幅之限，本书仅立足于住建部2015年和2016年的50多项以及中国建筑学会2017～2018建筑设计奖的田园建筑专项奖中1～2等奖作品，难以全面顾及当今国内优秀乡村建筑设计作品，覆盖面有限，偏颇之处，望同行同业之专家学者予以谅解。新乡土建筑是未来乡村建设的核心，也是我能以一个建筑师的身份研究乡村建设问题的出发点，因此这项任务也将是城乡建筑学日后研究的重点领域，不仅仅对于乡村，于城市而言，新乡土建筑创作也显得尤为重要。

综上，从文化的"四缘"切入点，到一系列的规划、景观、建筑设计策略，是一套相对完整的设计体系，这个体系基于统一的价值观，谨慎的态度，耐心的陪伴，不可急于求成，更不可好大喜功。需要像祝家甸的窑工对待一块砖一样，用十几道工序和超乎想象的时间去打磨完善，然后才能让这些煎熬的土壤发出金属般的铿锵之音（图4-110）。

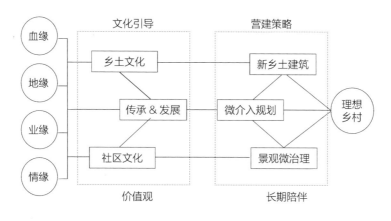

图4-110 设计体系框架
（来源：笔者自绘）

写在最后

文化研究历来是困扰人们的难解之题，吾辈亦不敢妄图涉足文化概念辨析之深潭。但多年的实践又无奈地发现几乎所有的问题都会最终指向文化症结。于是尝试用以实际操作为导向的方法，以"四缘"理论，即地缘、血缘、业缘、情缘来解析乡村文化的要旨，大家普遍认同中国文明是农耕文明，中国乡土文化是农耕文化，解读"农耕"二字，农即是业，耕则需地，稳定的业和不变的地产生的便是世代的血缘，故此"地、血、业"三缘作为乡村文化构建因素很容易理解，而第四缘"情"是基于近现代"社区营造"中"共情"的概念产生的，用以补充地、血、业之外的构成。"四缘"使乡村建设者面对复杂的文化问题能有行之有效的切入点。"四缘"理论不足以囊括乡村文化之博大精深，但却不失为一种切实可行的实操方法。当乡村工作者面对乡村文化问题时，可以以"四缘"作为文化营建的切入点，亦可以以"四缘"来审视文化营建的效果。

关于文化的地缘与血缘，国内外学术界研究颇多，包括著名人类学家路易斯·亨利·摩尔根（Lewis Henry Morgan）、社会学家费孝通、哲学家梁漱溟等大家都有对地缘、血缘的论述。关于业缘，也有一些论述，比如方李莉认为："……手工业城市，与纯粹的乡土农村比较起来，还多了一项业缘。"[1]此处强调手工业为业，而农村的农字同样代表了业，实际上中国乡村自古以来就是以"业"为"居"，所谓安居乐业，所谓靠山吃山靠水吃水，才有农村、山村、渔村之名。李汉宗认为"社会关系可分为血缘关系、地缘关系和业缘关系。"[2]但仅此三缘难以涵盖所有社会关系，在新的社区生活中，越来越多不同乡、不同

---

[1] 方李莉. 血缘、地缘、业缘的集合体 [J]. 南京艺术学院学报，2014.01：8-20.
[2] 李汉宗. 血缘、地缘、业缘：新市民的社会关系转型 [J]. 深圳大学学报（人文社会科学版），2013.07（30）：113-119.

族、不同业的人在流动性越来越强的社会变迁中聚集在一起，需要在他们之间建立新的缘际关系。社区营造中的"共情"思想，实际上通过"情"将彼此有情的大家联系在一起，因此本书提出了"情缘"作为地、血、业三缘的补充。

基于历史资料、调研情况、理论研究、工程实践、案例分析的构架，我们可以发现乡村文化发展过程中断裂，造成不同类型的乡村以及各种问题，并尝试通过传统文化传承、社区文化营造、乡土文化的现代发展来指导乡村规划、乡村景观设计和建筑设计，并通过具体项目的实践，得到如下结论：

1）通过乡村文化的地缘、血缘、业缘和情缘的四缘构建方法，来树立正确的乡村建设价值观，在尊重地缘、重视血缘、发展业缘、营造情缘的基本原则下重新塑造中国的新乡村文化。过去对乡村的文化建设，往往偏重于硬件建设，而缺乏对人的关注与提升，这里的人包括乡村建设者和乡村中的生活者，也就是村民。当我们面对乡村建设的各种决定、选择和判断时，以四缘出发并检验工作思路、工作方法和建设目标，是一种简单有效的方法。对四缘足够的尊重和理解，是乡村文化复兴的关键所在。

2）反思过去的乡村规划方法，采取基于推演和容错的"微介入规划"设计策略，不再通过总图和鸟瞰来进行乡村设计，而是通过"介入点"的干预，基于实际的推演，适当的容错，来启动乡村的自我更新与发展。微介入规划的关键步骤在于介入点的选择，因此要对介入点进行认真的推演和分析，尽量多地根据实地情况推演出趋于最真实的可能性，并且实时地在介入点建设过程中调整方向，确保最好的介入效果。微介入规划理念不同于触媒理论、渐进式规划、参与式规划和反规划理论，是针对乡村的规划方法，适用于规模不大、内在关系丰富、文化底蕴厚重的中国乡村。

3）结合社区营造的理念，提出对于乡村景观设计的"景观微治理"策略，这种方法与用力较重的"环境整治"不同，同样强调文化的引导和刺激作用，激发乡村营建保持活力的持久性。景观微治理是乡村风貌改善和人文精神凝聚的简单有效的方法。投资少，效果明显，几乎对所有的有一定数量村民居住的乡村都具备良好的可操作性。

4）建立基于乡土文化现代传承的新乡土建筑设计理念，通过四缘传承、改造更新、环境应对、材料创新、持久相伴等基本原则立场，进行新乡土建筑的创作，或作为微介入规划的介入点，抑或作为乡村风貌的直接呈现，形成有特色的乡村风貌。新乡土建筑应该立足于基于传统乡土建筑的现代化发展，体现乡土性的同时满足当代生活、当代理念、当代技术的发展需要，不沉迷于复古，也不与本土文化决裂，是基于时代的创作和历史脉络的延续。本书观点并不认为乡村建筑是廉价或者低造价的，历史上的文化名村、田园中的优秀建筑无不是凝聚了设计思想、时代财富的结晶。我们这个时代留给子孙的也必将是我们这个时代智慧的、财富的、文明的结晶。

我国乡村的当前状态已经不能再承受颠覆性的错误，已再无力承担任何大手笔的、即便是善意的干预。我们只能立足于小和微，在可以容错的前提下，小心前行。我们的乡村是祖辈一点点留下来的，弥足珍贵，应该像修补传世之宝一样细致地刻画：**耐心而不是急躁，省钱而不是廉价，小微而不是好大，伴随而不是一时兴起**……只有这样一步一个脚印，才能真正地修复乡村，复兴乡土文化。

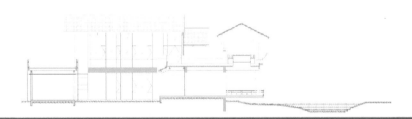

附录

附录A　本书调研引用乡村目录及类型标签

序号	省份	市/镇	村名	传统特色	旅游特色	一般乡村	多元混杂	统一新建	城边村	近郊村	远郊村	政府接洽	自行前往	调查原因（R-课题组联系；B-地方美丽乡村；C-地方推荐；T-传统村落；P-实践项目；F-著名乡村）
1	北京市	海淀区	上苑村				●		●			●		R
2			何各庄村				●		●			●		R
3		朝阳区	高井村				●		●				●	B
4			吕营村				●		●				●	B
5			高碑店村				●		●				●	B
6		通州区	宋庄				●		●				●	F
7			小堡村			●			●				●	F
8			皇木厂村					●		●			●	F
9			大营村					●		●			●	B
10		平谷区	麻子峪村			●					●		●	C
11			老泉口村			●					●		●	B
12			挂甲峪村					●			●		●	B
13			东四道岭村					●			●		●	B
14			张家台村					●			●		●	B
15			玻璃台村					●			●		●	B
16		怀柔区	一渡河村			●					●	●		C
17		昌平区	慕田峪村		●						●	●		R
18			北新村					●			●	●		R
19			白虎涧村			●				●			●	C
20			王庄村			●					●	●		R
21		门头沟区	爨底下村	●	●						●	●		T
22			西岭黄村		●						●	●		C
23			灵水村		●						●	●		F
24			洪水口村			●					●	●		T
25			杜家庄村					●			●	●		C
26			琉璃渠			●				●			●	F
27			苇子水村					●			●	●		T
28		房山区	水峪村	●							●	●		T
29			黑龙关村			●					●	●		C
30			梨村			●				●		●		C

序号	省份	市/镇	村名	传统特色	旅游特色	一般乡村	多元混杂	统一新建	城边村	近郊村	远郊村	政府接洽	自行前往	调查原因（R-课题组联系；B-地方美丽乡村；C-地方推荐；T-传统村落；P-实践项目；F-著名乡村）
31	北京市	延庆区	大石窑村	●	●						●		●	C
32			东沟村	●							●		●	C
33			永宁古镇		●						●		●	P
34		密云区	西邵渠村					●			●	●		P
35			古北口	●							●		●	F
36	天津市	宝坻区	穆家铺村			●					●		●	C
37		蓟县	营房村			●					●		●	C
38			西南隅村			●					●		●	C
39	河北省	唐山市	侯台子村			●					●	●		C
40			李家沟村					●			●	●		C
41			白道子村					●			●	●		C
42		衡水市	河槽村					●			●	●		C
43			北大良村					●			●	●		C
44		邯郸市	绿建方洲					●			●	●		C
45			赤岸村					●			●	●		C
46			南庄村					●			●	●		C
47		张家口	鸡鸣驿村	●	●						●	●		T
48			观后村			●		●	●			●		R
49			万字会村					●	●			●		R
50			后慢岭村					●	●			●		R
51			老虎坟村			●			●			●		R
52		承德市	西街村			●			●				●	C
53			南白旗村			●				●			●	C
54			茅茨路村			●				●			●	C
55			超梁沟村			●				●			●	C
56		保定市	刘家村				●				●		●	C
57			旧村	●							●		●	C
58			峦头村	●							●		●	C
59		秦皇岛村	南海村		●	●				●			●	C
60			牛角峪村	●							●		●	C
61		沧州市	小山村					●			●		●	C

序号	省份	市/镇	村名	传统特色	旅游特色	一般乡村	多元混杂	统一新建	城边村	近郊村	远郊村	政府接洽	自行前往	调查原因（R-课题组联系；B-地方美丽乡村；C-地方推荐；T-传统村落；P-实践项目；F-著名乡村）
62	山东省	济南市	朱家峪村	●	●							●		T
63			三德范村	●								●		T
64		济宁市	鲁源新村					●		●		●		C
65		泰安市	平洼村	●				●		●		●		C
66		德州市	前赵村			●					●		●	C
67			南任庄村			●					●		●	C
68			金庄村			●					●		●	C
69		潍坊市	别家屯村					●			●	●		C
70			前十字路村					●			●	●		C
71		淄博市	周村古商城	●					●				●	C
72			韩家窝村			●			●			●		C
73			李家村			●			●			●		C
74			鱼三村			●				●		●		C
75			温家村			●				●		●		C
76			龙子峪村			●				●		●		C
77			铁冶村			●			●			●		C
78			大窝桥村	●					●			●		C
79			鲁子峪村	●							●	●		C
80		东营市	北张村			●			●			●		C
81			刘集后村			●				●		●		C
82			前关村			●				●		●		C
83			南贾家村			●					●	●		C
84		滨州市	楼子张村			●					●	●		R
85			北台村	●		●					●	●		R
86	河南省	信阳市	郝堂村	●		●					●	●		F
87			新集村				●				●	●		C
88		宝丰县	清凉寺村	●	●						●	●		C
89	山西省	太原市	羊圈沟村					●			●	●		C
90			米峪镇乡					●			●	●		C
91		吕梁地区	碛口	●								●	●	F
92		大同市	车河社区			●					●	●		C
93			上河沿村			●					●	●		C
94			龙渠沟村					●			●	●		C
95		忻州市	阳坪村	●							●	●		C
96		晋中市	大寨村		●						●	●	●	F

序号	省份	市/镇	村名	传统特色	旅游特色	一般乡村	多元混杂	统一新建	城边村	近郊村	远郊村	政府接洽	自行前往	调查原因（R-课题组联系；B-地方美丽乡村；C-地方推荐；T-传统村落；P-实践项目；F-著名乡村）
97	内蒙古自治区	赤峰市	前召嘎查					●		●		●		C
98			阿鲁召嘎查				●			●		●		C
99			馒头敖包嘎查			●					●	●		C
100			石房子嘎查	●	●						●	●		C
101			查干白其嘎查			●					●	●		C
102			隆发村							●		●		C
103			红土沟村				●			●		●		C
104			汪安池嘎查				●				●	●		C
105		阿拉善盟	乌兰格日勒嘎查				●		●			●		C
106			额勒泉吉诺尔			●				●		●		C
107			桐格音乌素	●		●					●	●		C
108			胡杨人家					●	●			●		C
109	上海市	浦东区	沔青村	●						●			●	T
110		闵行区	革新村		●		●			●			●	T
111			彭渡村	●			●			●			●	T
112		松江区	下塘村	●	●				●				●	T
113		宝山区	东南弄村	●	●						●		●	T
114		青浦区	朱家角古镇	●	●						●		●	T
115			章堰村	●						●		●		C
116	江苏省	南京市	观音殿		●					●		●		C
117			佘村	●						●		●		C
118			张溪社区		●					●			●	C
119			徐家院			●				●			●	C
120			温泉村		●				●			●		C
121			石塘村		●					●		●		C
122		苏州市昆山市	绰墩山村			●			●		●			P
123			西浜村			●			●		●			P
124			东浜村			●			●		●			P
125			王家浜村			●			●		●			C
126			巴城古镇	●	●						●	●		P
127			正仪古镇	●	●				●				●	C
128			炉灶浜村			●			●				●	P
129			祝家甸村			●	●				●	●		P
130			朱浜村			●					●	●		P
131			祁浜村	●							●	●		C
132			计家墩		●						●		●	C

序号	省份	市/镇	村名	传统特色	旅游特色	一般乡村	多元混杂	统一新建	城边村	近郊村	远郊村	政府接洽	自行前往	调查原因（R-课题组联系；B-地方美丽乡村；C-地方推荐；T-传统村落；P-实践项目；F-著名乡村）
133	江苏省	苏州市昆山市	锦溪古镇	●	●						●	●	●	C
134			周庄古镇	●	●						●	●	●	F
135			千灯古镇	●	●					●			●	F
136		苏州市	杨湾村		●					●			●	T
137			黄巷村	●	●					●			●	T
138			东林渡村			●				●		●		P
139			陆巷村	●	●					●			●	T
140			太平村翁巷	●	●					●			●	T
141			席家湖村			●				●			●	T
142			旺山村			●				●			●	T
143			张桥村		●					●		●		B
144			上林村	●	●				●			●		P
145			灵湖村黄墅	●		●				●		●		P
146			冲山村			●					●		●	P
147			甪直古镇	●							●		●	F
148			同里古镇	●	●								●	F
149		常州市	西城村				●		●			●		C
150			东安片区				●		●			●		C
151		泰州市	小杨村			●					●	●		C
152			蔡庄村			●				●		●		P
153			东罗村干垛		●						●	●		F
154		徐州市	湖畔槐园				●				●	●		C
155			高党社区				●				●	●		C
156			鲫鱼山庄			●					●	●		C
157		宿迁市	振友村	●		●				●		●		B
158			八堡村			●				●		●		P
159			成河社区				●				●	●		C
160			张松口社区				●				●	●		C
161			三岔村			●					●	●		P
162			周岗嘴村			●					●	●		P
163			薛嘴村			●					●	●		P
164			郝桥村			●					●	●		P
165		淮安市	桃园小镇				●				●	●		C
166			陡山村	●							●	●		C

序号	省份	市/镇	村名	传统特色	旅游特色	一般乡村	多元混杂	统一新建	城边村	近郊村	远郊村	政府接洽	自行前往	调查原因（R-课题组联系；B-地方美丽乡村；C-地方推荐；T-传统村落；P-实践项目；F-著名乡村）
167	江苏省	盐城市	泾口村					●			●	●		C
168			千秋村					●			●	●		C
169			仰徐村					●		●				P
170		溧阳市	杨家村			●						●		B
171			塘马村			●		●				●		B
172			马家村			●						●		B
173		无锡市	张皋庄村			●				●			●	C
174			华西村				●			●			●	F
175	浙江省	杭州市	环溪村	●						●			●	R
176			深澳村	●	●					●			●	R
177			荻浦村	●	●					●			●	R
178			戴家山村	●	●						●		●	C
179			石门村					●				●		C
180			指南村	●	●							●		C
181			文村	●								●	●	F
182			建华村			●			●			●		P
183		衢州市	张西村	●								●		C
184			双溪村	●								●		C
185			新店村					●				●		C
186			乡兴村				●					●		C
187			陈家铺	●								●	●	F
188			界首村	●								●	●	T
189			平田村	●								●	●	T
190		嘉兴市	乌镇	●	●							●	●	F
191			尖山村				●			●	●			C
192	安徽省	黄山市	卖花渔村			●					●	●		R
193			汪村			●					●	●		R
194			瀹坑村			●					●	●		R
195			棠樾村	●	●					●			●	F
196			瞻淇村	●	●					●		●		R
197			宏村	●	●					●			●	F
198			西递村	●	●					●			●	F
199			南屏村	●	●						●		●	F
200			碧山村	●	●						●		●	F
201			尚村	●							●	●		R
202			松木岭村	●						●		●		R

序号	省份	市/镇	村名	传统特色	旅游特色	一般乡村	多元混杂	统一新建	城边村	近郊村	远郊村	政府接洽	自行前往	调查原因（R-课题组联系；B-地方美丽乡村；C-地方推荐；T-传统村落；P-实践项目；F-著名乡村）
203	安徽省	黄山市	清溪堂	●	●						●		●	F
204			昌溪村	●						●		●		R
205			昌源村	●						●				R
206			下岭村					●			●			C
207			龙川村	●	●					●			●	C
208			仁里村	●						●				C
209			桃源村	●	●						●			T
210			呈坎村	●	●				●					F
211		岳西县	桃岭村			●					●			C
212		芜湖市	兴无队			●					●		●	P
213	湖北省	武汉市	红安村			●				●				P
214			陡山村	●						●				C
215		咸宁市	汀泗桥村	●							●			R
216	四川省	成都	白果村					●		●			●	R
217			幸福村					●		●			●	R
218			战旗村					●		●			●	R
219	云南省	大理自治州	龙龛下登村	●	●					●				R
220			大理古城	●	●				●		●			F
221			喜洲村	●	●				●		●			R
222			古生村		●					●				F
223			双廊村				●				●		●	F
224			沙溪古镇	●	●						●		●	F
225		丽江市	白沙古镇	●	●						●		●	C
226			束河古镇		●		●				●		●	C
227		宝山市	和顺古镇	●	●						●		●	F
228	重庆市		三河村		●						●		●	F
229	贵州省	遵义市	中关村	●							●	●		R
230			龙湾新村					●		●		●		C
231		安顺市	安顺古镇	●	●				●			●		P
232			大坝村					●		●				C
233			天龙屯	●	●								●	F
234	福建省	漳州市	楼仔村				●			●				C
235			下石村	●							●		●	F
236			芦丰村				●				●		●	C
237			梧宅村				●				●		●	C
238			南靖土楼群	●	●						●		●	F

序号	省份	市/镇	村名	传统特色	旅游特色	一般乡村	多元混杂	统一新建	城边村	近郊村	远郊村	政府接洽	自行前往	调查原因（R-课题组联系；B-地方美丽乡村；C-地方推荐；T-传统村落；P-实践项目；F-著名乡村）
239			竹贯村	●	●						●		●	B
240			三洲村	●							●	●		T
241			中复村	●			●				●			T
242		龙岩市	璧洲村	●							●		●	F
243			培田村	●	●						●		●	F
244			培田新村					●			●		●	F
245			益坑村					●		●		●		C
246			务阁村中南				●				●		●	T
247			铺上村			●					●		●	T
248			铺下村			●					●		●	T
249			茂霞村	●	●						●	●		T
250			塘溪村			●					●	●		C
251	福建省		五里街	●	●						●	●		R
252			大羽村			●					●	●		R
253			万春寨	●							●	●		R
254			蟳埔村	●					●				●	F
255		泉州市	福全村	●			●				●		●	T
256			蔡径村月记				●		●			●		R
257			硕杰村大兴				●				●	●		R
258			泗滨村梅岭	●							●	●		R
259			祥光村厚德	●							●	●		R
260			湖坂村			●					●	●		R
261			呈祥村				●				●	●		R
262			梨坑村					●			●	●		R
263			承泽村			●					●	●		R
264			碧坑村	●							●	●		T
265			山都村			●					●	●		R
266		南昌市	晓坑村			●					●		●	P
267	江西省	景德镇	三宝村	●	●						●		●	F
268		婺源县	思溪延村	●	●						●		●	T
269		赣州市	大畲村	●	●					●			●	P
270			清溪村	●							●	●		C
271			新水坑村				●		●			●		R
272	广东省	广州市	旧水坑村				●		●			●		R
273			大田村				●			●		●		R
274			沙涌村				●			●		●		R

序号	省份	市/镇	村名	传统特色	旅游特色	一般乡村	多元混杂	统一新建	城边村	近郊村	远郊村	政府接洽	自行前往	调查原因（R-课题组联系；B-地方美丽乡村；C-地方推荐；T-传统村落；P-实践项目；F-著名乡村）
275	广东省	深圳市	南岭村				●		●			●		R
276			南坑村				●		●			●		R
277			官湖村	●									●	R
278		佛山市	松塘村	●			●			●		●		R
279			茶基村	●			●			●		●		R
280			联滘村	●			●			●		●		R
281			超朗村				●			●		●		R
282		东莞市	牛过蓢古村	●				●		●		●		R
283			南社村				●		●			●		R
284			塘尾村	●						●				R
285	吉林省	白山市	兴隆乡			●					●		●	C
286			国兴村			●					●		●	C
287			板石村			●					●		●	C
288	辽宁省	沈阳市	佟庄子村			●				●	●			C
289			太平村			●				●	●			C
290			金斗村			●				●	●			C
291		辽阳市	烟狼寨村			●					●		●	C
292		鞍山市	朱家裕村			●			●				●	C
293			中心堡村			●			●				●	C
294			太平村			●				●			●	C
295			屯农村			●					●	●		C
296			一面街村			●					●		●	C
297		葫芦岛	兴城古镇	●	●				●				●	F
298		绥中县	贺家村				●		●				●	C
299	陕西省	西安市	袁家村	●	●						●		●	F
300			白村					●			●	●		
301	台湾省	南投县	桃米村				●						●	R
302		云林县	孩沙里社区				●						●	R
303		台南县	后壁土沟				●						●	R
304		台东县	池上乡				●					●		R
305		宜兰县	壮围乡				●						●	R
306		苗栗县	三义乡				●						●	R
307			北铺村				●						●	R

说明：

1）多次调研的乡村以第一次调研作为各项标记的判断。

2）表象类型确实有叠加现象，比如经住建部认定的传统村落中也存在旅游形态和多元混杂。甚至于由于周边建设新村形成统一建设的单一风格。

附录B　国家第一批、第二批历史文化名村的文化四缘构建分析

第一批

序号	名称	地缘	血缘	业缘	情缘
1	北京市门头沟区斋堂镇爨底下村	京西，山地，古驿道，远郊	韩	商品交易及客栈；中华人民共和国成立后转为农耕；现代为京郊游	新村民共同保持古村特色，京西文化传播
2	山西省临县碛口镇西湾村	山西，黄河湫水河，黄土高原	陈	码头，晋商商帮	共同古镇经济复兴、古渡口的繁荣与再复兴
3	浙江省武义县俞源乡俞源村	江南地区，交通枢纽	俞、李、董	浙商，官宦返乡，农耕	共同古镇文化复兴、共同古建筑保护与发展
4	浙江省武义县武阳镇郭洞村	江南地区，三面环山	何	官宦返乡，农耕	共同营造山村特色、传播中国乡土文化
5	安徽省黟县西递镇西递村	徽州地区，山水环绕，田少贫瘠	胡	徽商，农耕	共同维护世界文化遗产
6	安徽省黟县宏村镇宏村	交通要道	汪	徽商，农耕	共同维护世界文化遗产
7	江西省乐安县牛田镇流坑村	江西盆地，土地肥沃，赣江支流，乌江流域	董	外出经商，官宦返乡，农耕	保护富商族人参与宗族管理文化；与宗族组织纵横交错，如文会、理学"圆通会"、竹木行会、"木纲会"等
8	福建省南靖县书洋镇田螺坑村	福建，山区	黄	农耕，手工业	共同保护客家文化遗产
9	湖南省岳阳县张谷英镇张谷英村	湖南，山区	张	农耕，官宦返乡	共同维护田园乡村风貌
10	广东省佛山市三水区乐平镇大旗头村	广东，水网密布	郑、钟	农耕，官宦返乡	共同保持山水格局
11	广东省深圳市龙岗区大鹏镇鹏城村	广东，地势险恶，环境恶劣，设海防所，山地	军屯	军事	共同保护卫戍文化
12	陕西省，韩城市西庄镇党家村	陕西，泌水河沟谷，黄土高原	党、贾	经商，农耕	共同申请世界文化遗产

第二批

序号	名称	地缘	血缘	业缘	情缘
1	北京市门头沟区斋堂镇灵水村	京西，低山山谷，古驿道支路	谭、刘	外出经商，官宦，农耕	发展举人文化
2	河北省怀来县鸡鸣驿乡鸡鸣驿村	京北，古驿站	军屯	邮驿机构，商贸重镇	共同保护驿站文化

序号	名称	地缘	血缘	业缘	情缘
3	山西省阳城县北留镇皇城村	山西，沁河流域，樊川峡谷内	陈	官宦返乡，晋商	高官（陈廷敬府第）陈氏宗族
4	山西省介休市龙凤镇张壁村	山西，战略防御，黄土高原，移民村落	军屯	晋商，香客经济	多元信仰
5	山西省沁水县土沃乡西文兴村	山西，低山丘陵台地，溪水流经	柳	官宦，晋商	柳宗元文化的活化石
6	内蒙古土默特右旗美岱召镇美岱召村	内蒙古，地处漠南美岱召庙所在地	土默特部落首领阿拉坦汗后裔	土默特部蒙古人政治经济文化军事中心	共同信奉藏传佛教
7	安徽省歙县徽城镇渔梁村	古徽州，交通枢纽，码头、驿道	姚、巴两姓较多	商业重镇	徽商文化传承
8	安徽省旌德县白地镇江村	安徽，群山环绕，风景秀美	江	官宦返乡	保持山村特色
9	福建省连城县宣和乡培田村	福建，古驿站，相对独立的文化和地理区域	吴	商业重镇，官宦返乡	共同保持古村风貌
10	福建省武夷山市武夷乡下梅村	武夷山，水运	邹	外出经商（茶商）	传承行帮文化
11	江西省吉安市青原区文陂乡渼陂村	江西，水运	梁	商业重镇	庐陵文化保护传承
12	江西省婺源县沱川乡理坑村	婺源，三面环山，一面临水	余	外出经商	理学文化
13	山东省章丘市官庄乡朱家峪村	鲁地，山地村	朱	官宦返乡	国学文化
14	河南省平顶山郏县堂街镇临沣村	淮河支流流域，三水交汇	朱	外出经商，官宦	中原第一红石古寨特色
15	湖北省武汉市黄陂区木兰乡大余湾村	风水秀美与婺源一脉相承	余	富商，官宦，农耕，手工业	共同维护生态资源
16	广东省东莞市茶山镇南社村	地少人多，沿海	谢	官宦，出洋做工	侨乡文化
17	广东省开平市塘口镇自力村	沿海	方	出洋做工	碉楼风貌保护
18	广东省佛山市顺德区北滘镇碧江村	水运	苏	商贸重镇	保持古镇风貌
19	四川省丹巴县梭坡乡莫洛村	渡口	驿站	农耕，摆渡（当地传说）	民族宗教（藏族）劳力合作圈（多户互助）

序号	名称	地缘	血缘	业缘	情缘
20	四川省攀枝花市仁和区平地镇迤沙拉村	古驿站，四面环山	起、毛、纳、张四家族	驿道经济	民族（彝族部落）共同信仰
21	贵州省安顺市西秀区七眼桥镇云山屯村	军事要塞，古驿道	军屯	军屯（明），商贸重镇（清）	共同保持山水格局
22	云南省会泽县娜姑镇白雾村	古驿站	驿站	商贸重镇（铜运）	自然景观文化
23	陕西省米脂县杨家沟镇杨家沟村	黄土塬地区，山腰窑洞，黄河支流流域	马	经商（地租）	西北黄土高原文化
24	新疆鄯善县吐峪沟乡麻扎村	三面环山，一面临湖，相对封闭完整，高温干旱	戍卫（守陵）	农耕（葡萄），信徒供奉粮食，经济落后	伊斯兰教民族（维吾尔族）

说明：

1）从上表可以看出地缘是每个乡村特色风貌最重要的形成因素和构建基础。

2）血缘非常明显，第一批中仅有1个杂姓村，第二批有7个，军屯戍卫、渡口驿站等原因导致多姓村出现。而有明显宗族谱系达到80%左右。

3）业缘以农耕为主，能成为历史文化名村的，一定有其他致富原因。

4）多数乡村开始发展旅游和重视自己特色文化、信仰的保护，这成为现在一村人在一起共同的情缘。

附录C 住建部2015年、2016年田园建筑一等、二等优秀案例情况分析

一等优秀项目

项目名称	所在省份	公建或居住	新建或改造	落成时间（年）
西柏坡华润小镇	河北省	居住	新建	2011
后城镇小学食堂	河北省	公建	改造	2008
古镇都村民居	山东省	居住	改造	2000
老牛湾村委会	内蒙古自治区	公建	新建	2015
沙袋建筑	内蒙古自治区	居住	新建	2014
马岔村活动中心	甘肃省	公建	新建	2014
西河粮油博物馆	河南省	公建	改造	2014
景坞村绿色农居	浙江省	居住	改造	2014
平田农耕博物馆	浙江省	公建	改造	2015
文村民居改造	浙江省	居住	改造	2016
浙商希望小学	湖南省	公建	改造	2008
下石村桥上书屋	福建省	公建	新建	2009
A0立体院宅	四川省	居住	改造	2014
手工造纸博物馆	云南省	公建	新建	2009
哈尼族民居改造	云南省	居住	改造	2012
新街镇爱春村	云南省	居住	改造	2012
西浜村昆曲学社	江苏省	公建	改造	2016
祝家甸砖厂	江苏省	公建	改造	2016
比例分析（%）	北方 38	居住 44	新建 33	2010 前 28
	南方 62	公建 56	改造 67	2010 后 72

说明：

1）一等优秀作品中改造项目的比例明显很高。

2）直辖市周边未有优秀实例，说明城镇化过快地区，乡土创作环境受到一定的影响。

二等优秀项目

项目名称	所在省份	公建或居住	新建或改造	落成时间（年）
吴景清农房	安徽省	居住	新建	2014
合庙小学教学楼	安徽省	公建	新建	2008
村口铺子	江苏省	公建	改造	2015
高椅童书馆	湖南省	公建	改造	2014
园博会丽江展园	湖北省	公建	新建	2015
小朱湾村民活动中心	湖北省	公建	改造	2014
绵竹土门镇幼儿园	四川省	公建	新建	2009

项目名称	所在省份	公建或居住	新建或改造	落成时间（年）
绵竹土门镇中心小学	四川省	公建	新建	2009
白河乡芝麻家村农房	四川省	居住	新建	2011
512川震整村协力重建	四川省	居住	新建	2008
泸沽湖景区大门	云南省	公建	新建	2012
曼景法村农房	云南省	居住	新建	2008
独龙族民居更新改造	云南省	居住	改造	2010
佤山精品酒店	云南省	居住	新建	2014
美丽家园建设	云南省	居住	改造	2014
大木山茶园竹亭	浙江省	公建	新建	2015
杭派农居	浙江省	居住	改造	2016
新金带小学	重庆市	公建	新建	2011
尔圪壕1号院	内蒙古自治区	居住	改造	2016
游牧民定居工程	内蒙古自治区	居住	新建	2014
芦墟318文化大院	江苏省	公建	改造	2013
南泉庭院	江苏省	居住	新建	2011
阳山田园生活馆	江苏省	公建	新建	2014
山泉村安置房	江苏省	居住	新建	2010
小龙扒村综合服务中心	天津市	公建	改造	2015
枣缘人家	陕西省	居住	改造	2014
门等村民活动中心	广西壮族自治区	公建	改造	2016
新型庄廓院	青海省	居住	改造	2016
次但宅	西藏自治区	居住	改造	2013
旺堆宅	西藏自治区	居住	改造	2014
阿克苏乡牧民定居点	新疆维吾尔自治区	居住	新建	2010
葡萄酒厂	山东省	公建	新建	2015
瀛东村改造	上海市	公建	改造	2011
长乐汶上村古榕文化街	福建省	公建	改造	2014
盛德堂遗址展庭	海南省	公建	改造	2012
华润希望小镇	海南省	公建	新建	2011
居家养老服务中心	河南省	公建	新建	2012
新生鄂伦春族乡	黑龙江省	居住	改造	2015
双凤朝阳观景平台	辽宁省	公建	新建	1997
比例分析（%）	北方28	居住46	新建54	2010前15
	南方72	公建54	改造46	2010后85

说明：
1）从获奖情况看，南方作品多于北方，我们调研过程中也有南方乡村建设好于北方的总体感受。
2）从建筑功能看，居住建筑已经受到建筑师们越来越多的关注。
3）从建设角度看，改造类的项目占比很大，特别是一等实例改造项目高达2/3。
4）从建设年代看，2010以后的新项目占大多数，说明介入乡村的设计力量和社会投资在大幅度增加。

附录D 研究调研乡村调研日志样本

1 宋庄调研日志

📅 **时　　间** 2014年3月9日　星期日　14:30–17:10

🌤 **天　　气** 晴　气温：6℃

📍 **调研地点** 北京市宋庄镇

🗺 **照片行进路线**

美术馆路——徐宋路——宋庄环岛——
徐宋东四街——徐宋路——徐宋西五街
——西塔街——小堡村——西塔街——
徐宋路

图D-1　宋庄街景
（来源：调研组拍摄）

💬 **谈话对象1**

👤 性别：男　年纪：25上下

谈话内容：来宋庄打工的，这里大多是
外地人，来了很多的艺术家，开了很多
民间艺术馆，在小堡村里还有很多新来
的艺术家和工作室。

谈话对象2

👤 性别：女　年纪：30上下

图D-2　宋庄街景
（来源：调研组拍摄）

谈话内容：周末带孩子来看看当代艺术画展，宋庄很出名，周末过来也很方便。

✏ **日　　志**

宋庄，周日的街头，人并不多，或许是冬季的原因。街头巷角四处可见砖的机理，
很多凸砖、凹砖，即便在清冷的冬日里依旧显得光怪陆离。在京城灰色的空气里经常可
以闪现出一些鲜艳的当代艺术品，让你觉得这里充满了现代和艺术的气息。宋庄的房子
都不大，还好是舒服的尺度，基本上是灰色的，偶尔跳跃几个红色或者白色的房子。

艺术馆基本都是对外免费开放的，有新建的，也有用厂房改建的，馆里人不
多，保持着现代艺术应有的距离和尺度，总的来说还是比较舒服的。

下午在西塔街角的小咖啡馆喝了一杯咖啡，周日慵懒的阳光让人很放松、很舒
服，这便是我印象中的宋庄，宁静、平和……

2 大营村调研日志

🗓 **时　　间**　2014年3月9日　星期日　17:47–18:10

☀ **天　　气**　晴　气温：6℃

📍 **调研地点**　北京市宋庄镇大营村

🔖 **照片行进路线**

村子北门（牌坊）——主街——文化广场——村子南边（出口）——文化广场——别墅区——停车场——主街——村子北门

💬 **谈话对象1**

👤 **性别：男　年纪：25上下**

谈话内容：在这里租房子住，这里大多是外地人，房租比城里便宜，村里人大多在城里有房子。

✏ **日　　志**

这是一座和北京城里一样，像是大院儿一样的村子，村子里全是新建的别墅洋房，配套设施也很齐全，尽管文化广场变成了停车场。我想规划者是带着良好的愿望来做这个规划的，可是实践起来确实有了一些困难。村里人大多过上了房东的生活，这里为外来务工人员，特别是在宋庄打工的人员提供了住地。这里看不出特点，也看不出文化，看不出中式，也看不出西式。

图D-3　村内街景
（来源：调研组拍摄）

图D-4　村口牌楼
（来源：调研组拍摄）

3 小堡村调研日志

📅 **时　　间**　2014年3月9日　星期日　16:30–17:10

☀ **天　　气**　晴　气温：6℃

◎ **调研地点**　北京市宋庄镇

◎ **照片行进路线**

　　小堡村主街（南北走向）——小堡村

💬 **谈话对象1**

　👤 **性别：女　年纪：45上下**

　　谈话内容：这里环境比较一般，到处乱摆放，说了也没用。在这住了十几年了，和老公一起来的，现在村里人好多不认识的。

谈话对象2：

　👤 **性别：男　年纪：65上下**

　　谈话内容：白天基本上和大家聊天，下午去接孙子，在宋庄上学。孩子父母在通州打工，周末回来。孩子都由老两口照顾。

✏ **日　　志**

　　小堡村是非常典型的北方村落，面积比较大，房屋密集，基本上以红色的砖墙为主，间或有几栋灰色的，有一些村民在自己修建四合院，应该是比较富裕的住户。主街两边较宽的地方老人们和孩子们在嬉戏。建筑大多是一层的，少数自己加到三层。胡同里停了不少私家车，使本来很窄的胡同变得更加拥挤。各种电线水管明装的很多，空中很多线缆。

图D-5　村内街景　　　　　　　　　　图D-6　村内街景
（来源：调研组拍摄）　　　　　　　（来源：调研组拍摄）

4 皇木厂村调研日志

📅 **时　　间**　2014年3月9日 星期日 18:30–19:00

☀ **天　　气**　晴　气温：6℃

📍 **调研地点**　北京市通州区皇木厂村

📌 **照片行进路线**

X005——经东方通联公司进入——尽头——皇木厂路——尽头小公园——皇木厂路——X005——京塘路

💬 **谈话对象1**

👤 **性别：女　年纪：55上下**

谈话内容：我们这村子干净，美丽乡村，治理过。马路都修过，挺好的，幸福指数高，每天晚上河边遛遛，环境很舒服。

谈话对象2：

👤 **性别：男　年纪：60上下**

谈话内容：这村子很牛，做木匠活儿的，还有木匠，村口阳台上有个木亭子那家就是。我不会木匠活儿，父母也不会。其实没几家会，都在城里工作，进城方便，挺好的，现在福利好，农村户口比城市好。

✏ **日　　志**

到皇木厂村天色已经很晚了，刚进村子的尽头有一些十分阔绰的院子，这些院子感觉投资不少，院子对面的路比较宽，沿着另一侧的路边有一些活动场地。后来又转到了皇木厂路上，很多别墅的露台上有木质的亭子和更夸张的构筑物，感觉这里确实是有些木头作品的。皇木厂路的尽头有个十字路口，感觉好像出了村子，这里有个小湖泊，还有一些木质的亭台楼阁，有个小长廊，尽管这些东西应该都是新做的，但能感受到村里还是希望保持皇木厂村生产木制品的文化脉络。

图D-7　村内街景
（来源：调研组拍摄）

图D-8　村口牌楼
（来源：调研组拍摄）

5 沔青村调研日志

- 🗓 **时　　间**　2014年4月16日　星期三　10:30-11:30
- ⛅ **天　　气**　小雨　气温：18℃
- 📍 **调研地点**　上海市东南方向浦东区康桥镇沔青村
- 📍 **照片行进路线**

　　　横沔老街——河西街——花园街——小桥——消防取水点——折返——小巷——水边——主席故居——小桥（西沟巷）——花园街

- 💬 **谈话对象1**

　　👤 **性别：** 女　**年纪：** 40上下

　　谈话内容： 来本地大约七八年，外来务工人员，村子里基本上都是外来务工人员。这里租房比较便宜。推荐建筑：路口的一处房子相传是毛主席曾经住过的。

谈话对象2

　　👤 **性别：** 男　**年纪：** 60以上

　　谈话内容： 一直在本地居住，这里已经不再允许建设新的房子，不再有新的宅基地。子女都在城里打工，很少回来。

- ✍ **日　　志**

　　村子里住的人蛮多，但听村民讲大部分是外来打工的，住在这里比上海市里便宜。房子比较老，很少有翻修，有些似乎已经好久没人打理了。总的感觉好像是个无人问津的老村子。问及有没有什么特别的房子，一位大婶说里面有个毛主席住过的房子，我们按方向寻找，看到了一条大河，水面很宽，有种老上海的感觉，后来终于找到了所谓毛主席的房子，是过去的人民政府，也已经有些破损。

图D-9　村内街景
（来源：调研组拍摄）

图D-10　滨水空间
（来源：调研组拍摄）

6 张皋庄村调研日志

📅 **时　　间**　2015年8月9日　星期日　13:30–16:30

🌤 **天　　气**　晴　气温：28℃

📍 **调研地点**　江苏省无锡市惠山区张皋庄村

🗺 **照片行进路线**

弄堂里——祠堂——街里——中巷——
南刘巷——西村头——司马敦——村委

💬 **谈话对象1**

👤 **性别：女　年纪：28上下**

谈话内容： 本地人，在村附近的印染厂工
作。村里主要都是本地人，不过近些年也有
一定的外地人（约占总人口的1/4），都是来
打工的，主要工作地点为村附近的各类工厂。

谈话对象2

👤 **性别：男　年纪：50上下**

谈话内容： 村里都是居民自建房，公家的有一
个村委、一个卫生站、一个老年活动中心、一个室外市民活动广场（有篮球场、运
动器械、广场舞场）。平常工作之余就去活动中心打打牌、晚上去活动广场跳跳舞。

图D-11　村内水系
（来源：调研组拍摄）

图D-12　村内街景
（来源：调研组拍摄）

✏️ **日　　志**

张皋庄村，规模挺大的江南村庄，河道环绕，水量充足（存在一定污染问题，想
必不污染的状态下应该很美），屋前屋后不是水就是田。是一个典型的江南村落。村庄
由好几个组团构成，组团与组团之间隔着农田（农田现已都出让给种田大户，以蔬菜大
棚、葡萄园、草莓、景观树种为主），组团之间的空间距离约步行15分钟。主村布局
比较凌乱，并非整齐的行列式布局，可能是由于加建的缘故，道路曲折且不是很宽。

村里的房子多为民居自建房，二层为主，局部三层，老房子是一层。干净整
洁，正立面多以瓷砖贴面，搭配铝合金窗户，深蓝色、深棕色、透明色……二层小
楼基本都有阳台，约一半人家做了封闭。每家门前都有一片空场。村里房子加建和
新建比较多，风格混杂，新建的小楼多为二至三开间，二至三层，进深约10多米，
前后有小院。普通二至三层小楼，开间多为4～5米，进深长，约20多米，内有小天
井，夏天会很凉爽。一层的老房子白墙会屋顶，配上木质结构梁，走进去地面多为
青砖、石板或泥土，空气里夹杂着一些稻草味道。

7　牛角峪村调研日志

📅　**时　　间**　2015年4月30日　星期四　9:30-11:30

🌤　**天　　气**　晴　气温：16℃

📍　**调研地点**　河北省秦皇岛市抚宁县牛角峪村

📌　**照片行进路线**

　　　　村头——大井——上坎——东岭

💬　**谈话对象1**

　　👤　**性别**：女　**年纪**：30上下

　　谈话内容：本地人，现在搬去市里生活，村子
　　离城区较远，信息比较落后，又没什么就业
　　岗位，所以村里现在的年轻人很大一部分搬
　　去城里生活了，近些年，村子整体没什么大
　　变化。

　　谈话对象2

　　👤　**性别**：男　**年纪**：50上下

　　谈话内容：村子的房屋都是村民自己选址建
　　造的，基本上是顺着山沟沟的，村子比较狭
　　长，以前都是砖石的囤顶房子，现在都是现
　　浇房了，村里的环境在慢慢恶化。

✏️　**日　　志**

图D-13　村内街景
（来源：调研组拍摄）

图D-14　入户大门
（来源：调研组拍摄）

　　牛角峪村，地处北方丘陵地带，受地形地
势限制，村子自发形成几个大的组团，房屋布
局自由灵活，村里房屋大多建造于20世纪90年代
以后，少数老房子建于80年代，由于晒粮食的需
求，房子改变了传统的坡屋顶瓦房形式，形成了
具有地方特色的囤顶房屋，墙面以砖石为主，屋
顶内部保留木结构，但用焦砟代替瓦片起到防水
作用，院落是多为不标准的三合院形式。

　　整个村子很安静，偶有小孩奔跑吵闹声、牛羊鸣叫声。大多农家旁边都有一个
小菜园，刚有小苗长出，颇有春末夏初、生机盎然的意味。

附录E　江苏省特色田园乡村调研报告

（部分报告内容及数据由当地有关部门提供）

1 调研目的、时间、人员构成

1.1　调研目的

江苏省特色田园乡村建设开展得成效突出、特色鲜明，在全国范围内引起了很大的影响，该项工作的工作思路、组织方法、建设模式、发展策略都非常值得在全国进行推广，因此在住建部村镇司的组织下对江苏省南京、泰州、苏州昆山三地进行了实地调查和走访。

1.2　调研时间

2017年11月21日～24日

1.3　调研人员构成

1）住建部村镇司1人

2）中国建筑设计研究院1人

3）中国城市规划设计研究院1人

4）清华大学建筑学院1人

5）城市科学研究会1人

2 江苏省特色田园乡村工作的背景和过程

2016年10月25日，住建部首届田园建筑优秀实例评审工作顺利结束。江苏省苏州市昆山市锦溪祝家甸村砖厂改造项目、巴城镇西浜村昆曲学社脱颖而出，成为一等优秀实例。江苏省各级领导干部备受鼓舞，并多次组织专家学者到两个项目进行实地调研、学习、研讨。

2016年11月25日，住建部城乡工作研讨会在昆山市召开，住建部领导、华东六省一市住建厅（委）主要领导参会，并在会后实地调研了祝家甸村，充分肯定了田园建筑给特色乡村发展带来的生命力。

2017年3月28日，在江苏省住房和城乡建设厅、江苏省委农工办、中国城市规划学会、中国建筑学会在祝家甸砖厂联合发起"当代田园乡村建设实践——江苏倡议"，正式拉开了江苏省特色田园乡村的新篇章。住建部村镇建设司司长张学勤、江苏省住建厅厅长周岚、副厅长刘大威、中国建筑学会理事长修龙，中国城市规划学会常务副理事长兼秘书长石楠、中国工程院崔愷院士与王建国院士等重要领导和专家到会（图E-1）。

江苏省省委对田园乡村工作高度重视，时任省委书记的李强同志对当代田园乡村建设实践做出重要批示，并提出在全省开展特色田园乡村建设工作。

图E-1　当代田园乡村建设实践——江苏倡议
（来源：江苏省住建厅提供）

2017年6月20日，中共江苏省委、江苏省人民政府发布《江苏省特色田园乡村建设行动计划》（苏发〔2017〕13号）文件，要求各市县结合实际认真贯彻执行。

2017年6月28日，江苏省人民政府办公厅发布《省政府办公厅关于印发江苏省特色田园乡村建设试点方案的通知》，要求全面推进100个建设试点工作。

2017年6月29日，省委省政府举办了全省特色田园乡村建设试点启动会，蓝绍敏副省长做重要讲话，强力推动特色田园乡村试点建设工作。

2017年8月10日，中共江苏省委、江苏省人民政府邀请中国工程院崔愷院士给省委省政府、各部委、各市书记市长上课，认真学习院士在昆山祝家甸村、西浜村进行特色田园乡村建设的方法和经验，李强书记带领全省主要干部一起认真听课，并学习研讨。会后，在崔愷院士和王建国院士的主持下，评选出第一批特色田园乡村试点村。

2017年9月22日，江苏省国土资源厅办公室发布《江苏省国土资源厅关于开展特色田园乡村不动产登记工作的通知》（苏国土资发〔2017〕364号），要求各设区国土资源局，昆山市、泰兴市、沭阳县国土资源局做好乡村不动产登记工作，全面配合全省特色田园乡村建设工作部署。

2017年8月至今，江苏省省委、省政府、人大、政协各部门领导多次实地调研，到乡村中去，听取各地特色田园乡村工作组织和进展，各地市区县政府成立"特色田园乡村办公室"（简称田园办），由各市区县主要领导牵头，全面推动各市县区镇特色田园乡村工作，取得了丰富的成果和经验。

3 调研选点及特色

3.1 江宁区观音殿村

特色：大城市近郊+小村景观设计+非遗文创介入。

观音殿村隶属于南京市江宁区秣陵街道，是一个规模很小的村子，人口只有143人，63户，面积约300亩。村子原本已经空心化，当地政府和设计师充分利用了村子规模小的特点，进行了卓有成效的风貌整治、景观提升、建筑设计和文创介入。

首先是建筑风貌的整治工作。22栋民居，统一进行了外立面的改造提升，都改成了白墙黑瓦双坡顶。此举让全村的建筑风貌得以协调。因为户数少，这项工作的难度和成本都相对较低，容易进行得顺利。

其次是对水系进行高水平的景观设计。观音殿村有两口面积较大的水塘。这里的水质得到彻底清理，并且从上游引来了水源，还种上了荷花。景观设计师又在水塘外围种上了几片花田，花田里有不同种类的花。不同季节都有鲜花盛开，保证了村里一年四季都有可观赏的美景。村子和水塘之间的道路也改成了石板路。石板路是用不规则的石材铺成的，而不是目前常见的方形或矩形石材，这反映了设计师和施工人员的认真程度比较高。

再次是高水平的建筑设计。设计师并没有对所有建筑都进行专门的设计，反映出政府部门对设计市场的理解和尊重。村口的游客中心，是专门请来设计师做的设计。这是一个风格上兼有传统和时尚的作品，对村子的整体风貌起到了相当高的加分作用。

第四，非遗和文创的挖掘与介入让村子有了真实的内容。村内引入了薰衣草森林、泡泡屋等台湾品牌企业，还通过苏家创业大赛，引进了部分文创项目落户，如三吉沙画、花丝技术、自然造物、泥旦旦、蓝印工坊等。如果说前面三项基本上是做物质空间，可以带来观光业，而这一项则是填充了文化内容，让来访者深化了体验（图E-2、图E-3）。

图E-2 观音殿村风貌
（来源：笔者自摄）

图E-3 观音殿村里的乡村创客
（来源：笔者自摄）

3.2 江宁区佘村

特色：大城市近郊+社区化大村+田园景观。

佘村是一个已经社区化的近郊大村，靠近工厂区，村内也有粮油加工厂、木器厂、床上用品厂、丝厂、硫化碱厂等企业，同时村民们还种植青豆、黄豆、欧洲萝卜梨子、南瓜等农作物。

佘村周边零散分布有500亩农田，种上了格桑花、梨树等观赏花卉及经济林果，在打造出优美田园景观的同时，也通过发展休闲农业，为村民提供了更多的就业、创业机会。

和空心化的村子不同，佘村因为靠近工厂区，村民就近上班，也有外来人口租住，所以常住人口超过了户籍人口。这导致村庄内部的建筑较为密集，格局亦显得有些凌乱。但是正因为常住人口较多，所以当地政府面对的主要问题不是如何让村民回流，而是如何让已经存在的社区生活更为便利、更为优化。

村内有一处占地面积较大的潘家大院，为市级文物保护单位，正在进行专业化的修缮。此处文保让佘村在文化特色上有不少加分（图E-4、图E-5）。

3.3 兴化市东罗村

特色：千垛田景区+著名地产入驻。

兴化东罗村是一个684户、2265人的大村。东罗村附近有著名的世界农业遗产项目——千垛田。每年春季，千垛田上油菜花开，吸引上百万的游客到访。尽管只有一个月的时间，但是依靠着供不应求的农家乐，东罗村每家的年收入都达到20万元以上。

图E-4 佘村街景
（来源：笔者自摄）

图E-5 佘村里修复的传统建筑
（来源：笔者自摄）

富裕后的村民已经将绝大部分老房子拆除，改成了现代的小洋楼。尽管这些小洋楼在近年经过外观上的整治，政府对东罗村的基础设施也有较大的投入，村容也比较整洁（属于江苏省文明村），然而村落本身的文化特色，仍可以说近乎丧失殆尽。

　　千垛田的强大吸引力，也招来了一家国内顶级的房地产企业。地产名企在进驻后的一年时间，在村内主要开展了三项工程。一是村口区的景观步道，此处设计明显带有城市地产小区的痕迹，虽然也采用了不少当地的传统建筑材料，在乡村特色上略有加分，但是形式仍显得过于城市化。二是村口附近的餐厅，这可以视为当地农家东的扩大版，对增加村民整体收入有好处，但是对文化特色并无加分。三是对村内建于20世纪60年代的大礼堂进行了改造设计，在保持礼堂功能的前提下加入了博物馆功能。此项设计邀请到了江苏省著名设计师，对乡村特色而言是一个大大的加分项（图E-6、图E-7）。

图E-6　东罗村景象
（来源：笔者自摄）

图E-7　东罗村礼
堂改造
（来源：笔者自摄）

3.4 兴化市小杨村

特色：靠近溱湖景区+家庭农场+小村改造。

小杨村是一个790户、2000多人的大村，位于著名景区溱湖湿地以南约3公里处。溱湖湿地是一个AAAAA级景区，旅游业比较发达。溱湖边上有国家级历史文化名镇溱潼古镇。溱潼古镇的非物质文化遗产——会船，是一项极富特色的民俗活动，被称为全国唯一的"水上庙会"。

小杨村已经实现了农田的全部流转。村内所有农田，都已经集中到若干个家庭农场，每个农场有100~300亩。流转后的农田，每亩产量提高了约500斤。将农田流转出去的每家农户，每年有一笔固定的租金收入，还外出打工。村民们有两笔收入，生活普遍比较好。近年来，当地政府在大力提高村内基础设施水平，同时也依托溱湖景区推动旅游业，为村民们再增加收入。

小杨村由若干个组团构成，每个组团均依傍河港，原本是富有特色的水乡。其中最大的组团，因为房屋密集，大部分又已经改建为现代化的小洋楼，所以特色已经不明显。其中最小的组团——一个叫张家舍的自然村，近年来在当地政府的推动下，开展起名为"溱湖人家"的改造项目。张家舍只有13户，其中7户的房屋已经将使用权流转到政府名下。政府对这7户进行了专门的设计和改造，在较大程度上恢复了传统风貌，并且在功能和品质上进行了提升。与此同时，政府也对村子所依傍的河港做了景观恢复和处理。由于村子规模很小，这些举措对改善整体景观风貌和突出地方特色起到了立竿见影的作用。

另一个名叫"罗家舍"的自然村，有30多户。政府也打算对其进行类似的处理。在罗家舍旁边的草地和水上，已经有亲子活动的休闲项目在开展（图E-8、图E-9）。

图E-8 小杨村戏台
（来源：笔者自摄）

图E-9 小杨村入口
（来源：笔者自摄）

3.5 昆山市西浜村

特色：昆曲文化发祥地+微介入规划。

西浜村是昆曲文化发祥地，元代著名戏曲家顾阿瑛的生前居住地。在崔愷院士团队进驻做设计之前，西浜村是一个传统风貌基本消失、昆曲活动面临失传的村落。崔院士设计团队在这个村子做了一个中小型的设计项目，将四栋荒废的老房子加以重建和改造，总占地面积约2700平方米，总建筑面积约1400平方米，首层主要包括乐理教室、戏台、舞蹈练习室、宿舍、教师办公室等，二层主要为半开放的活动室。

昆曲学社是基于村子原本存在的文化传统——昆曲而增加的一个物质空间。其基本功能是昆曲的教学和练习，同时也是一个具有参观集会功能的建筑。这种功能上的兼容对于昆曲融入社会是非常重要的。由于时代变迁，现代人对于昆曲已经不可能像古时那样易于理解和乐于接受。昆曲学社的开放功能，使得她能制造出一种"触碰式"的交流机制——到访者可以不必先深入学习昆曲，就直接欣赏到昆曲的美。这对于昆曲的普及极为重要。

在设计手法上，这栋建筑使用了大量传统的材料，最明显的就是那些无处不在的竹子。她服务的是传统的昆曲练习，但是又有大量的或透明，或半开放的场地与空间。在体量和造型上，呼应了周围的村落建筑形态，同时在空间处理上又极为流动和丰富。

这个十分用心的单体建筑设计项目，仿佛是为当已经垂危的昆曲文化和本已衰败的村落面貌打了一针强心剂，让人看到了传统和特色归来的希望。随着建筑落成后所带来的文化影响力的扩散，业主昆山城投公司将建筑的日常运营交付给了有实力的文化品牌进行运维。而后者的到来，又保证了建筑得到高水平维护，这对于师生教学和到访者体验都十分重要（图E-10、图E-11）。

图E-10　练习昆曲的小朋友
（来源：笔者自摄）

图E-11　夜色中的昆曲学社
（来源：笔者自摄）

3.6　昆山市祝家甸村

特色：金砖文化+微介入规划。

祝家甸村位于锦溪镇西南长白荡里，是一个有着200多户人家的村庄。祝家甸村民历史上以烧制金砖（高品质的古代地砖）为生，村内有一个规模相当大但现在已经废弃的老砖厂。2014之前，祝家甸村也是一个空心村，传统烧砖业面临失传的村落。设计团队将荒废的老砖厂加以恢复和改造，使其成为基于传统产业改造的一个物质空间。这栋建筑完全保留了原有的骨架和墙体，对底层的砖拱进行了修复和加固，在对屋顶进行恢复瓦顶的同时增加了顶部采光的设计。与此同时，依托于砖窑巨大的内部空间，设计师赋予了可灵活多变的功能布局和家具陈设，从而将会议和展览功能引入了建筑。

不管是在文化遗产保护上，还是在建筑空间设计上，这都是一个非常有意义的项目。项目建成后，即获得了行业内的高度认可，在社会上也引起了相当广泛的影响。在砖厂旁边，不久即新建了一个民宿，邀请莫干山民宿的著名品牌原舍入场运营。原舍同时又在砖厂的底层开辟了一处书屋和西餐厅，从而使得砖厂的业态更为完善。

这一系列的项目，带动了当地的旅游观光，更重要的是激发了当地政府和村民的文化自信。截至目前，祝家甸村已经有七成村民回流到本村（图E-12、图E-13）。

图E-12　祝家甸砖厂改造
（来源：笔者自摄）

图E-13　祝家甸原舍民宿
（来源：笔者自摄）

4　江苏省特色田园乡村的内涵与特征

2017年4月时任江苏省委书记的李强在兴化市调研时提出江苏要建设"特色田园乡村"的命题。6月20日，省委、省政府正式印发《江苏省特色田园乡村建设行动计划》。按照《计划》要求，"十三五"期间江苏全省将规划建设和重点培育100个特色田园乡村试点，并以此带动全省各地的特色田园乡村建设。8月24日经过地方申报、专家评定，在全省范围遴选了45个自然村作为第一批试点，探索特色田园乡村建设。

通过对相关文件的解读和实地调研，可以发现"特色田园乡村建设"的内涵是综合多元的，是在江苏整体上进入后工业化阶段、城镇化率达到67.7%（2016年）的背景下，省委省政府对未来城乡关系调整、乡村规划建设做出的综合性部署。首先特色田园乡村的建设目标是综合性多元的"生态优、村庄美、产业特、农民富、集体强、乡风好"，涵盖了生态、生产、生活、治理等多个方面。其次试点的重点任务包括"科学规划设计、培育发展产业、保护生态环境、彰显文化特色、改善公共服务和增强乡村活力"等多个方面。再次，从调研的情况看，各试点的具体举措也是综合性的，如南京市江宁区观音殿村，在改善村庄环境、整治乡村风貌的基础上，积极引入文创产业，增强乡村活力；泰州市姜堰区的小杨村一方面大力发展家庭农场，形成农业产业优势；同时也利用靠近溱湖国家湿地公园的优势，大力发展乡村旅游业。昆山的西浜村、祝家甸村通过传统文化的复兴带动整个乡村的复兴，起到了很好的示范作用。

特色田园乡村与江苏省近年来持续开展的"美好城乡建设运动""村庄环境整治行动"是一脉相承的。相比而言，特色田园乡村试点更加强调突出"特色"与"田园"两个方面，是美丽乡村建设示范的升级与完善。"特色"要根据村庄自身的资源条件和发展情况进行深度挖掘，可以是人向往的田园景观，可以是积淀深厚的历史文化、乡愁体验，可以是有优势、竞争力的农村特色产业。从调研的试点村来看，都较为准确地抓住了各自的特色，如南京市江宁区的佘村以潘氏古宅为核心，突出历史文化特色；兴化市顾缸乡东罗村利用靠近千亩垛田景区的优势，发展乡村旅游；泰州市姜堰区的小杨村大力发展家庭农场，形成农业产业优势；昆山西浜村、祝家甸村的传统文化特色。"田园"强调农村与周边农业种植区域、生态景观区域的整体规划打造，而不只将精力集中在村庄自身的环境整治与风貌改造上，形成村景融合的田园风貌。

5 相关文件与政策解读

5.1 对特色田园乡村建设的认识和理解

在国家住房和城乡建设部的直接关心和指导下，近年来江苏省认真贯彻习近平总书记"中国要美，农村必须美"等要求，持续加大乡村发展推进力度。"十二五"以来，以村庄环境整治、美丽乡村建设为抓手推动乡村人居环境改善，进而带动社会资源流入乡村，取得了积极的成效，实现了全省自然村环境整治的全覆盖，建设了1000个省级美丽宜居村庄和10000个市级美丽宜居村庄。

2017年，省委省政府认真谋划、适时推出特色田园乡村建设行动计划，是在原有工作整合、融合基础上的乡村实践创新，旨在挖掘中国人心底的乡愁记忆和对桃源意境田园生活的向往，重塑乡村魅力和吸引力，从而带动乡村的综合复兴。因此，特色田园乡村建设不是一个简单村容村貌整治的乡村美化行动，也不是美丽乡村建设的简单复制和升级。而是一个在城镇化、现代化背景下保护乡愁、重塑乡村文化自信的过程；是一个强化乡村生产、生活、生态"三生融合"的过程；是一个通过改革、建设、发展"三轮驱动"，推动实现职业农民扎根成长，让特色农业"接二连三"发展壮大的过程；是一个久久为功、通过持续发力让外出人口和乡贤返乡，让社会资源回流乡村，最终实现乡村社会良性治理的过程。因此，时任江苏省委书记李强指出，特色田园乡村既是展现社会主义新农村建设成效的直观窗口，又是传承乡愁记忆和农耕文明的当代表达，也是农村发展"一村一品"和生态保护修复的空间载体，其建设过程还是组织发动农民、强化基层党建、培育新乡贤、提高社会治理水平、重塑乡村吸引力的有效途径。

5.2　特色田园乡村建设工作特点

特色田园乡村的建设推动，在广度上涉及多部门、多角色，需要集众智、汇众力；在深度上涉及省市县镇村组多个层级，既是专业工作，更是群众工作。既要注重发挥"自上而下"的组织推动作用，强化制度设计、工作指导，防止"一哄而上""一哄而散"，或搞成"千村一面"；更要符合乡村实际和农民需要，突出"自下而上"的自主实施作用，强化农民的主体地位和村民自治组织建设，不搞政府"大包大揽"，鼓励基层创新实践。为此，省委省政府明确要求按照"规划引领、协调联动，把准方向、科学推进，整合聚焦、重点支持，试点先行、以点带面"的原则推进工作。

5.2.1　典型示范，试点村庄选择类型多样

工作启动伊始，根据省委省政府的统一部署，通过"自上而下"的布置发动和"自下而上"的自愿申报，选择主体积极性高、工作基础好、规划有亮点、方案切实可行的地区开展省级试点，通过一段时间的实践，形成可借鉴、可推广的多样化成果，在此基础上总结提升、面上推开。由于省委省政府的部署契合了乡村发展的实际需要，因此得到了基层的踊跃响应。全省共有55个县（市、区）的184个村庄申报首批试点。在综合比选工作推进方案和规划设计方案的基础上，统筹考虑地域分布、地形地貌、涵盖多种农业产业类型、兼顾探索经济薄弱村脱贫等因素，最终确定了类型多样、具有典型示范意义的首批45个试点村庄。从区域分布来看，苏南片22个，苏中苏北片23个，其中省定经济薄弱村4个；从地形地貌来看，丘陵山区10个，水网地区16个，平原地区19个；从产业类型来看，聚焦一产的25个，以一产为基础、二三产融合发展的15个，以发展乡

旅游为主打的5个。

5.2.2　聚焦乡村，引导优秀规划设计师下乡

重塑乡村吸引力，需要有形神兼备、内外兼修、有特色、"有灵魂"的乡村魅力空间为支撑，需要高水平的规划设计引导塑造。为此，我们在全国范围内优选专业水平高、乡村设计经验丰富、社会责任感强且愿意服务江苏乡村规划建设的60名优秀设计师，涵盖规划、建筑、园林景观、艺术设计、文化策划等相关领域，汇编成《特色田园乡村设计师手册》供地方遴选。经地方自主选择、对口联系，最终确定的规划设计团队均来自国内一流的甲级单位。首批45个试点村庄，由院士、全国勘察设计大师、江苏省设计大师亲自指导的共计31个，其中领衔设计的有20个，是历史上高水平规划设计师聚焦江苏乡村最集中的一次。从全国范围内来看，如此多的院士大师同时集中于一地投身乡村规划建设实践，也是比较少见的。各设计师团队与乡村干部群众密切配合，深入乡间地头，开展田野调查，走访村民农户，与镇村干部、农民促膝沟通，形成的乡村规划设计成果接地气、反映了农民群众的真实需求、体现了当代乡村的现实需要。崔愷院士今年四次前来江苏，举办"特色田园乡村"专题讲座，参与规划设计过程指导；王建国院士则全程参与了特色田园乡村建设的前期谋划、规划设计、方案优化等工作。为引导推动高层次设计人才持续关注乡村建设、深入乡村开展实践，江苏省甚至还规定了"江苏省设计大师（城乡规划、建筑、风景园林）"评选的要件之一是要有获奖的乡村设计作品。

5.2.3　凸显特色，展示乡村个性魅力

特色田园乡村建设，需要展示个性、各美其美。强调要在特色田园乡村建设过程中，把乡村所有有价值的特色资源和要素挖掘出来，结合当代发展需要进行彰显塑造、发扬光大。比如，昆山市祝甸村挖掘当地制作金砖的传统，将废弃的砖窑改造成砖窑文化馆，发展创意产业，带动乡村转型发展，吸引村民回流，努力实现历史文化遗存的当代创新利用。南京江宁区佘村是江苏省传统村落，其特色田园乡村规划设计方案没有局限于保护有限的历史建筑，而是将体现村庄发展印记的农业景观九龙埂、工业遗存石灰窑，以及不同年代的民居建筑，通过精细设计组织串联予以塑造展示，使得传统村落在当代的发展演变本身成为个性特色。南京江宁区观音殿村从非物质文化遗产的特色挖掘上下功夫，将本村和邻近村落的金箔制作、烙铁画、方山裱画等进行集中展示、活态表演传承，使乡土记忆融入当代乡村文化生活。宿迁市特色田园乡村建设强调用好"红砖红瓦、青砖青瓦"的传统建筑元素特色，以及国槐、刺槐、皂荚等乡土树种，增加乡土性和家的味道。

5.2.4 汇集众智，发动社会广泛参与

为激发全社会对乡村的更多关注，提升乡村设计创意品质，共同推动乡村复兴，江苏省利用"紫金奖·建筑及环境设计大赛"平台，以"田园乡村"为主题，要求设计题材均源于真实的乡村，真题实做，强调实用创新。大赛共收到了来自6个国家和地区1089份报名参赛作品，参赛人员逾5000人次，是大赛举办四年来作品和人数最多的一年，折射出特色田园乡村得到的社会关注和专业认同。同时，还在"我苏"网上开辟"特色田园乡村，规划由你做主"专题栏目，就首批45个试点村庄的规划设计方案征集乡贤以及社会各界的意见和建议，收到海内外乡贤的网络评论和意见反馈超过6000条。在网上"人气乡村TOP10"评选中，45个试点村庄已收到444万余票，目前暂列排行榜第一名的昆山市三株浜村得票已超过79万。为发挥乡村工匠在特色田园乡村建设中的作用，江苏省利用"首届江苏乡土人才传统技艺技能大赛"的平台，专门组织了传统木作、瓦作两个专项赛事，获奖选手将获得"江苏传统技艺技能大师"荣誉称号以及高级技师职业资格。

江苏开展特色田园乡村建设行动以来，得到了媒体高度关注和业界积极评价。据不完全统计，人民日报、新华社、中国建设报、新华日报、交汇点新闻、央视网、网易、新浪网、凤凰网、江苏卫视等多家媒体对我省特色田园乡村建设进行了密集报道。《〈人民日报〉点赞江苏特色田园乡村建设：乡村复兴，守住文明之根》《探索乡村复兴的江苏路径——李强在全省特色田园乡村建设座谈会上的讲话》成为"10万+"网热报道。《中国建设报》在头版整版以《中国梦的乡村复兴之路——江苏启动特色田园乡村建设行动》为题作深度报道，并引述住建部原总规划师、中国城市规划协会会长唐凯和中国建筑学会理事长修龙的评述："特色田园乡村建设是新时期国家发展的重要内容，它绝不是一个乡村美化行动，而是现代化建设新阶段的一场深刻革命"，"江苏不仅率先提出了开展田园乡村建设的时代命题，而且正在整合各种资源，包括专业力量致力推动，这样的责任感和使命感让我很受感动。"

5.2.5 改革创新，探索建立适合乡村特点的各项制度

乡村的综合复兴需要针对乡村特点通过改革破题。在村民主体作用、村级带头人和乡贤作用发挥方面，各地积极探索、勇于创新实践。如，溧阳市围绕特色田园乡村建设，通过"百姓议事堂"邀请大家信得过的百姓代表，采用身边人理身边事的方式，协商讨论所有土地确权、流转、承包、征收等关涉群众切身利益的问题。

同时，乡村的空置房、闲置地的盘活利用以及新建房屋、设施的基本建设制度建立也需要通过改革破题。乡村不同于城市，乡村建设规模小、百姓期盼高，要针对乡村特点探索建立既简捷高效又程序规范的立项、招投标、质量监督等项目建设管理制度。纪

检、审计、消防等部门的审核把关，则需要关口前移，放到过程监管中去。设计师要全过程跟踪指导项目实施，把好品质关，切实履行好设计师负责制。宿迁市积极探索在乡村中引入EPC管理模式，实现设计施工一体化无缝链接。在工作组织方面，各地都建立了村庄现场项目实施协调制度和县级综合会办制度。每个试点村庄都设有现场办公室，由县（市、区）政府明确专人驻村工作，负责与镇村基层、村民群众、设计师、施工单位等沟通衔接，及时解决现场问题，遇到重大问题则向县级工作例会报告，县（市、区）联席办通过定期召开会办会，及时协调解决一线实践过程中遇到的困难和问题。

5.3 特色田园乡村建设试点工作进展

从年初酝酿、试点准备到2017年6月份省委省政府下发行动计划以来，全省各地迅速行动，认真贯彻落实，全面推进实施。苏州、扬州、泰州等市在省级试点工作的基础上，积极组织市级试点工作，形成了省级试点、市级试点联动塑造、梯度推进的工作格局。苏州市计划在"十三五"期间规划建设和培育打造50个左右体现江南风貌的苏州特色田园乡村，并从中择优重点打造15个左右省级特色田园乡村试点。扬州市在抓好省级试点的同时，以"111工程"行动推进市级试点，市财政拿出1亿元支持，设立特色田园乡村建设基金，同时吸引国有资本等参与，推动1个镇全域乡村、10个村的试点示范工作。泰州市同步推进5个省级试点和10个市级试点，努力使试点村庄类型更加多元，并在实施机制上建立了市级机关部门对口支持、挂钩联系试点村庄机制。

镇江丹徒区世业镇认真贯彻2014年12月习总书记视察时的要求，全力推动城乡基本公共服务均等化，认真实施农户生态改厕和美丽宜居家园建设，今年又抓住3个省级特色田园乡村建设试点的机遇，积极谋划推动全岛综合发展水平提升。其特色田园乡村建设突出多点联动，以"江岛水乡、健康之舟"为主题，以"洲岛生态、圩区风貌、多彩田园、富强世业、健康乐园"为目标，将特色田园乡村建设与洲岛基本公共服务改善、现代农业园区建设，以及健康养生产业和观光旅游产业发展有机结合起来，该镇计划用3～5年时间将一半以上的自然村打造成"特色田园乡村"。南京市高淳区东坝镇小茅山脚村抓住特色田园乡村建设的契机，在老支书王继寿倡议下成立乡村旅游合作社，所有39户村民115人全部入社，通过盘活14000多平方集体存量建设用地和闲置宅基地，将500亩农民承包地集中流转，唤醒乡村"沉睡的资产"。组织发动本村12名能工巧匠参与特色田园乡村建设，并把留守农民组织起来，与武家嘴农业科技园、得半庄园等企业开展订单式合作。通过多措并举，预计可实现农民人均增收4800元。徐州铜山区倪园村是全国首批美丽宜居乡村，针对产业发展短板，此次特色田园乡村建设聘请农业部专家编制产业发展规划，放大800亩紫薇园效应，增设600亩玫瑰鲜切花基地，利用500亩闲置地发展经济林果，套种经济效益更高的碧根果，着力营造"紫薇映倪园山村、乡文伴吕梁梓里"的田园生活景象。无锡市惠山区阳山镇同步落实田园综合体和特色田园乡村建设要求，在做优桃产业链的同时，植入互联网+、文旅、文创市集等新兴业态，强化山水、林果、人居的有机共生，重塑具有桃源意境的特色田园乡村魅力。宿迁市以"一村一品"培育为着力点打造特色田园乡村，三岔村以中草药种植、郝桥村以品牌化林果培育、灯笼湖村以规模化梨果种植、八堡村以果蔬种植、新成小河西村以荷藕种植为特色产业发展方向。南京江宁区计划通过5年时间建成220个特色田园乡村、逐步实现全域覆盖。其产业发展也从原先的强调发展乡村旅游，逐渐转向特色农业、文化创意、农村电商等多业融合发展的新业态。同时通过建立乡贤名录，引导乡贤参加乡村建设、产业发展和乡村治理。

6 江苏省特色田园乡村的经验

6.1 发挥试点作用

设置了"县、团、点"三级试点的组织方式，县包含5个试点村、团包含3个试点村、点为1个试点村，通过对各市县区镇申报的试点村名单进行评审，确定试点村，并分级组织实施。

6.2 提升规划理念

根据崔愷院士关于乡村微介入的规划理念，结合优秀田园建筑的作用，提出每个试点村的建设项目，从文化、产业、生态、风貌、乡村治理等方面全面推进工作。各个试点村需要列出符合乡村规划发展的建设项目及建设步骤，建立时间表和项目库。

6.3 高效行政组织

各地试点村由副县长牵头，市县住建局推动，每个试点村由所属镇副镇长以上干部牵头落实。各市县区镇提交组织方案，建立包括市区县镇各级政府、住建、农委、国土、水利、交通等各部门主要负责人参加的田园办，全面协调工作。

6.4 强力技术支撑

省建设厅印发《特色田园乡村建设试点工作解读》《设计师手册》，要求各地按照要求选择乡村领域的高水平设计师、权威规划设计单位作为特色田园乡村的技术保障。

6.5 规划设计先行

各个试点村依据相关规定和办法，联合设计单位制定乡村发展规划，这些规划经过逐级评审，最终由省住建厅的组织院士等权威专家评审把关通过，再由各市区县镇政府严格执行。

6.6 充裕资金保障

各试点采取多种资金筹措方式，整合各项乡村专用资金，联合各级政府财政，吸纳社会资金和资源，为各个试点村提供充裕的资金保障。通过资金整合、财政拨款、社会资本介入的方式，各试点村凭借自身优势和资源，基本都获得了该项工作的资金保障。

6.7 创新政策机制

各个试点村在国土部门、住建部门、农委等部门的支持下，特事特办，协调配合，全力保证项目的实施进度。各部门以强村富民为共同出发点，积极配合开展特色田园乡村工作。例如昆山市专门成立了"田园办""重点办"等部门，加快审批和推进速度。

6.8 特点鲜明发展

各个试点村结合自身特点，选择适合自己的发展模式，例如苏南地区以三产融合为主要模式，推动农业、加工与服务业的结合，推动社会资本的介入；苏北地区以农业发展为重点，通过乡村治理，实现产文结合的乡村发展。

7 调研中发现的问题

7.1 农户的参与稍显不足

从调研的情况看，大多数试点村工作的推进依靠上级政府（镇、县）的强力推动，而村本级集体组织的积极主动左右发挥不足。资金来源以各级政府补贴，或是企业投入为主。客观地分析，在特色田园乡村建设的起步阶段，确实需要政府或企业做出引导和表率，但是如何激发村庄的内生活力，实现持续发展是需要深入思考的问题。由于省内城镇化率较高，乡村空心化严重，因此实际建设过程中，农户的参与度不高，需要做长效的观察分析。

7.2 国土政策制约明显

一是由于缺乏宅基地退出政策与改革试点的授权，村庄内部大量空置的宅基地难以退出，也导致在这一轮村庄规划建设过程中，难以腾退宅基地，缩减村庄用地，解决空心村的问题；二是，在永久基本农田范围已经划定的情况下，部分腾挪用地，优化村庄空间布局也难以实现；三是部分乡村新增宅基地用地条件刻板，对乡村机理造成破坏。

7.3 个别村乡土特色把握不准，存在用城市化方法建设乡村的问题

乡村田园的景观是农业生产与居民生活紧密结合而形成，与城市公园、广场有着本质区别。部分设计、施工单位由于长期从事城市规划建设，对乡土特色把握不准。如兴化市东罗村引入知名地产企业作为重要的投资、建设方，在建设中大量使用了树池、硬质驳岸、中心对称式景观道路等设计手法；绿化植物的选择也过多采用了景观树种，替代农村的蔬菜、瓜果作物，总体给人较为明显的城市住区的感觉。

当然另一方面也反映出江苏省的乡村建设水准已经达到城市同级水平。大部分参观过程中看到的建筑和景观作品，完成度很高，施工质量非常好，比如西浜村昆曲学社、乡村工作站等，其施工精细程度已经完全与城市建筑媲美（图E-14、图E-15）。

图E-14 东罗村的树坑 　　　　　　　　图E-15 西浜村工作站的细节
（来源：笔者自摄）　　　　　　　　　（来源：笔者自摄）

8 总结

江苏省的特色田园乡村建设行动投资之大，数量之多，途径之广，成效之高，无疑是中国乡村建设史上一次重大里程碑事件。对于缩小城乡差距，打造特色田园生活，缓解城市病与乡村病都做出了非常好的探索。同时，也让社会各界、各种力量、资金，对乡村发展形成了有力的反哺，全民参与的乡村建设行动有声有色，形成了大量的宝贵经验和经典案例。

图书在版编目（CIP）数据

文化与乡村营建／郭海鞍著. —北京：中国建筑
工业出版社，2020.9（2025.1重印）
 ISBN 978-7-112-25350-0

 Ⅰ.① 文… Ⅱ.① 郭… Ⅲ.① 乡村规划-研究-中国
Ⅳ.① TU982.29

中国版本图书馆CIP数据核字（2020）第143891号

责任编辑：唐　旭
文字编辑：孙　硕
版式设计：锋尚设计
责任校对：张惠雯

文化与乡村营建

郭海鞍　著

*

中国建筑工业出版社出版、发行（北京海淀三里河路9号）

各地新华书店、建筑书店经销

北京锋尚制版有限公司制版

建工社（河北）印刷有限公司印刷

*

开本：787×1092毫米　1/16　印张：17½　字数：349千字

2020年9月第一版　2025年1月第二次印刷

定价：**148.00元**

ISBN 978-7-112-25350-0

（36347）